/ 河北省第三次土壤普查系列丛书 /

TURANG WAIYE DIAOCHA YU CAIYANG

土壤外业调查与采样

吉艳芝　王殿武　张瑞芳　等　主编

U0282622

中国农业出版社

北　京

图书在版编目（CIP）数据

土壤外业调查与采样／吉艳芝等主编 . —北京：中国农业出版社，2023.7

（河北省第三次土壤普查系列丛书）

ISBN 978 - 7 - 109 - 30919 - 7

Ⅰ. ①土… Ⅱ. ①吉… Ⅲ. ①土壤调查 Ⅳ. ①S159

中国国家版本馆 CIP 数据核字（2023）第 135215 号

中国农业出版社出版

地址：北京市朝阳区麦子店街 18 号楼

邮编：100125

责任编辑：魏兆猛　史佳丽　黄　宇

版式设计：王　晨　责任校对：吴丽婷

印刷：中农印务有限公司

版次：2023 年 7 月第 1 版

印次：2023 年 7 月北京第 1 次印刷

发行：新华书店北京发行所

开本：880mm×1230mm　1/32

印张：8

字数：225 千字

定价：48.00 元

本书编委会

前 言

FOREWORD

"民以食为天，食以土为本。"土壤是人类赖以生存的基础，也是国民经济发展的必要条件和确保国家粮食安全的重要保障。

1958—1960年，我国开展了第一次全国土壤普查。此次普查以耕地土壤为对象，初步查清了耕地土壤的基本情况，完成了全国第一个农业土壤分类系统及四图（土壤图、土地利用现状图、土壤改良分区图、土壤养分图）一志（土壤志），为后续耕地土壤研究奠定了基础。

1979—1994年，我国分期分批开展了第二次全国土壤普查（以下简称二普）。此次普查对象包括耕地、园地、林地、草地和未利用地。绘制了不同比例尺的土壤类型图、土壤资源利用图、土壤养分图、土壤改良分区图，撰写了《中国土壤》《中国土种志》、地方《土壤志》和《土种志》等专著，为农业生产积累了大量的第一手土壤资料。但此次普查的土壤分类指标及分类系统在全国范围内并不完全统一，存在"同土异名、异土同名"现象。

二普距今已四十余年，土地的利用方式发生了很大变化，尤其是耕地，处于承载利用的极限。为了落实"藏粮于地、藏粮于技"战略，守住耕地红线，需要摸清土壤质量状况，土壤急需一次全面的"体检"。

2022年，第三次全国土壤普查（以下简称三普）正式开始。

本次土壤普查是一次重要的国情国力调查，普查对象为全国耕地、园地、林地、草地等农用地和部分未利用地的土壤，其中林地、草地重点调查与食物生产相关的土地，未利用地重点调查与可开垦耕地资源相关的土地，如盐碱地等。普查内容以校核与形成土壤分类系统和绘制土壤图为基础，以土壤理化和生物学性状普查为重点，更新和完善全国土壤基础数据，构建土壤数据库和样品库，开展数据整理审核、分析和成果汇总。普查目的是查清不同生态条件和不同利用类型土壤质量及其障碍退化状况、特色农产品产地土壤特征、后备耕地资源土壤质量、典型区域土壤环境和生物多样性等。

为了顺利开展土壤三普外业调查与采样工作，根据《第三次全国土壤普查土壤外业调查与采样技术规范》，结合河北省试点县土壤外业调查与采样工作经验编写了本书。本书内容体系完整，包括上下两篇，共8章内容。上篇为土壤调查基础知识（1～3章），主要阐述河北省土壤形成因素与成土过程，介绍中国土壤发生分类系统与系统分类，详述河北省主要土壤类型与分布。下篇为土壤外业调查与采样方法（4～8章），介绍土壤外业调查与采样的准备工作、预设样点定位与成土环境、土壤利用调查内容，详述表层和剖面土壤调查与采样及二普土壤图校核方法。

本书系河北省土壤三普外业调查与采样指导用书，也可用于高等农业院校农业资源与环境专业本科实习用书，并供土壤相关领域的教学、科技人员参考。由于编者水平有限，错误、疏漏之处在所难免，敬请使用本书的同行和其他读者提出宝贵意见。

编　者

2023年2月

目 录

CONTENTS

下篇 土壤外业调查与采样方法

土壤调查基础知识

第一章

河北省土壤形成因素与成土过程

　　土壤是气候、生物、母质、地形、时间及人类活动诸多成土因素综合作用的结果。各成土因素的作用具有本质上的差异，对土壤的发生发育至关重要。成土过程是指在各种成土因素的综合作用下，土壤发生发育的过程。成土因素和成土过程的复杂性与多变性，决定了土壤类型各异。本章主要介绍各成土因素在土壤形成中的作用，分述河北省五个地貌类型区的主要成土因素，阐述河北省主要成土过程，为河北省三普工作中土壤类型的确定提供理论指导。

第一节　土壤形成因素

一、成土因素的作用

　　各成土因素及其作用见表1-1。

表1-1　成土因素及其作用

因　素	作　用
气候	土壤形成的动力因素，为土壤的形成提供水分和热量，控制母质风化和植物生长，影响物质迁移和转化
地形	土壤形成的空间因素，通过高度、坡度、坡向等影响光照、热量和水分等条件，控制物质和能量在不同地形中的分配，进而影响土壤发育
母质	土壤形成的物质基础，为土壤形成提供基础的矿物质和无机养分，决定质地、孔隙、养分和酸碱性等理化性状

（续）

因　素	作　用
生物	土壤形成的决定性因素，为土壤提供有机物质，促进结构形成，增强水分和养分的保持能力，在生物因素中，植物起着最重要的作用
时间	土壤形成的强度因素，影响着母质、生物、气候和地形因素作用的强度，产生内部层次的分类，决定着土壤的发育进程
人类活动	对土壤的形成有重要作用，积极方面能够培育肥沃的耕作土壤，消极方面会导致土壤退化

（一）气候在土壤形成中的作用

气候条件对土壤的发生起着积极能动的作用，影响土壤发生的重要气候因素是降水和温度。气候直接影响着土壤的水热状况，影响土壤中矿物质、有机质的迁移转化过程，并决定母质母岩风化、土壤形成过程的方向和强度。

1. 气候对土壤有机质的影响　不同气候带水热条件不同，造成植被类型的差异，导致土壤有机质的积累分解状况，以及有机质组成和品质不同。

（1）气候对土壤有机质积累数量的影响。从大范围的气候带看，不同气候带形成相应的植物带，所形成有机质的量不同，具有明显的规律性。不同的气候条件下，植被、微生物、动物的种类与生物量不同，从而影响有机原料的多少，如干旱地区的生物量少于湿润地区。

（2）气候对土壤有机质品质的影响。气候条件也影响土壤腐殖质的质量，如 C/N 和胡敏酸与富里酸比值（H/F）。一般在草原气候条件下，C/N 与 H/F 均高，如果向湿热、湿冷和干燥过渡，其C/N 与 H/F 均会下降。过度湿润和长期冰冻有利于有机质的积累；而干旱高温、好氧微生物活跃条件下，有机质易于矿化，不利于有机质积累。

2. 气候对土壤中微生物数量和种类的影响　湿润地区有机质含量多的中性或微碱性土壤中细菌数量最多，干旱地区中性到偏碱性土壤中放线菌数量较多，真菌则多分布于酸性的森林土壤中。

3. 气候对土壤风化作用和黏土矿物类型的影响

（1）气候对土壤风化作用的影响。高温高湿有利于土壤风化，通常母质及土壤风化层厚度随温度及湿度的增高（加）而加厚。我国南方湿热气候地区，花岗岩化学风化壳厚度达 30～40 cm，而在干旱、寒冷的西北山区，岩石风化壳仅几厘米，且以物理风化为主，常形成粗骨土。矿物风化有物理和化学作用，土壤风化速度也随温度增高而增加。一般情况下，0～500 ℃范围内，化合物的解离度增加 7 倍，随着温度的增高，硅酸盐类矿物的水解过程大大增强，母岩与土壤的风化作用也增强。

（2）气候对土壤黏土矿物类型的影响。岩石中原生矿物风化演化（即脱钾形成伊利石、缓慢脱盐基形成蒙脱石、迅速脱盐基形成高岭石，直到脱硅形成三水铝石的阶段）与风化环境条件（即气候条件）有关。在排水良好条件下，风化产物能顺利通过土体淋失，则岩石风化与黏土矿物的形成可以反映气候特征，特别是土壤剖面的上部和表层。干冷地区风化程度低，处于脱盐基初期阶段，只有微弱的脱钾作用，多形成含水云母次生矿物。我国温带湿润地区，硅酸盐和铝硅酸盐原生矿物缓慢风化，土壤黏土矿物一般以伊利石、蒙脱石、绿泥石和蛭石等 2∶1 型铝硅酸盐黏土矿物为主；亚热带湿润地区，硅酸盐和铝硅酸盐矿物风化比较迅速，土壤黏土矿物以高岭石或其他 1∶1 型铝硅酸盐黏土矿物为主；高温高湿的热带地区，硅酸盐和铝硅酸盐矿物剧烈风化，土壤中的黏土矿物主要是氧化铁和氧化铝。

4. 降水与土壤阳离子交换量的关系

随着降水量的增加，土壤阳离子交换量呈增加趋势，土壤阳离子交换量与有机质和黏粒含量有关，但这种规律只发生在温带地区。热带地区由于黏土矿物以氧化铁和氧化铝为主，土壤阳离子交换量并不高。同时，在同一气候条件下土壤阳离子交换量和成土母质有关。

5. 降水与土壤盐基饱和度、酸碱度的关系

我国中部和北部地区的降水量少而蒸发快，土壤中下行水量少，土壤胶体代换性盐

基淋洗不充分，土壤盐基大多饱和，土壤呈中性或偏碱性。我国东南较湿润地区，土壤中下行水量较大，淋洗掉了土壤胶体上的部分代换性盐基，其位置被 H^+ 代换，导致盐基饱和度降低和土壤酸度增加。而土壤酸碱度也会影响土壤养分状况。

（二）生物因素的成土作用

生物因素在成土过程中起着主导作用，是土壤发生发展中最主要、最活跃的成土因素。生物作用将太阳能引入成土过程，才使分散于岩石圈、水圈和大气圈的多种养分物质向土壤聚积，从而使土壤具有肥力，并使之不断更新，以形成良好的土壤结构，推动土壤的发育与演变。

生物因素包括植物、动物和微生物，它们在土壤形成过程中所起的作用不同，所形成的土壤有机质在性质、数量和积累方式上也不同，使土壤性质具有差别。

1. 绿色植物在土壤形成中的作用 绿色植物是土壤有机质的初始生产者，作用是选择性地吸收分散在母质、水圈和大气中的营养元素，利用太阳能进行光合作用，制造有机质，把太阳能转变为化学能，再以有机残体的形式聚集在土壤中。

（1）植被类型对土壤中有机质数量和分布的影响。木本植物是深根性、多年生植物，主要通过地上部枯枝、落叶、花和果凋落物向土壤提供有机残体，然后在地表形成覆盖层，自下而上腐烂分解，部分形成腐殖质。其地下根系每年只有少部分死亡，进而成为土壤有机质的来源。因此，森林土壤的有机质多聚集于土表，形成有机质含量高而厚度小的表层，向下则随深度而锐减。草本植被则不同，其根系量大，一般占全部生物量的 $80\%\sim90\%$，且根系量随土壤深度而逐步减少，同时，草本植被全部或绝大部分有机体每年都会死亡更新。因此，草本植被的土壤富含有机质的表土层较厚，有机质含量随深度而逐渐减少。

（2）植被类型对土壤营养元素和酸度的影响。草本植被进入土壤有机残体的灰分（钙、镁、钾、钠为主）和氮素含量大大超过木本植被。草本植被的灰分含量，从草甸向草原、荒漠过渡呈增加趋势。有机残体分解释放盐基种类和数量不同，对土壤酸化影响不同。草本植被的残体含碱金属和碱土金属比木本植被高，草原土壤的盐基饱和度高于森林土壤，前者的 pH 也较后者高。阔叶林的灰分含量高于针叶林，阔叶林灰分组成以钙、钾盐基为主，针叶林的灰分组成以 SiO_2 占优势，高达 $30\%\sim40\%$。因此，阔叶林土壤较针叶林土壤的盐基饱和度高而酸度小，有机质的 C/N 低，养分丰富而肥沃。

（3）植被类型对土壤淋溶与淋洗强度的影响。相同气候、地面坡度和母质条件下，森林土壤的淋溶与淋洗强度比草原土壤大。其原因有两个：一是森林土壤每年归还到土壤表面的碱金属与碱土金属盐基离子较少；二是森林的水分消耗主要是蒸腾，降水进入土壤中的比例较大，水的淋洗效率较高。由于第一个原因，加之森林土壤枯枝落叶层中产生的有机酸较多，森林植被下土壤中的下行水呈酸性，溶液中的氢离子代换并进一步淋洗掉较多的代换性盐基，伴随而来的是胶体分散、黏粒下移。此外，酸性溶液加速土壤原生矿物的分解，产生更大强度的淋溶或淋洗。

2. 土壤动物在土壤形成中的作用　大型的土壤动物如松鼠、老鼠、地鼠、鼹鼠，昆虫类如弹尾虫、蚂蚁、螨类、千足虫、木虱等，小型的如马陆、蚯蚓、蜗牛等，微型的如线虫、原生动物。森林下的枯枝落叶层、繁茂的草原覆被层是土壤动物的世界。土壤动物通过生命活动、机械扰动，参与土壤与动物之间以及土壤中物质和能量的交换、转化过程，影响土壤的形成与发育；通过挖掘、混合使土壤组成性质发生变化，动物遗体可以增加土壤有机质。

3. 土壤微生物在土壤形成中的作用　土壤中微生物种类繁多，数量极大。微生物是分解者、还原者，并将代谢产物归还土壤，对土壤的形成、肥力的演变起着重大作用。微生物一方面将有机质完全分解，在分解有机质的过程中，不断矿化释放养分供植物合成有机质后再利用；另一方面合成土壤腐殖质，并将大气中的分子氮转化为含氮有机化合物而积累于土壤中，经过腐解作用形成可供植物利用的氮素。如此，构成了土壤中营养元素的循环。

(三) 母质因素的成土作用

自然界成土母质类型繁多，存在形式、物理性状、化学组成差异较大，对土壤形成、土壤理化性状和肥力特征的影响也都不一样。

1. 母岩与母质 母岩是与土壤形成有关的块状固结的岩体。风化作用使岩石破碎，理化性质改变，形成结构疏松的风化壳，其上部为土壤母质。母质是与土壤直接发生联系的母岩风化物及其搬运堆积体，是形成土壤的物质基础。

2. 母质类型 河北省的主要母质类型见表1-2。

表1-2 河北省主要母质类型

编码	名 称	定 义
AS	风积沙	指由风力将其他成因的砂性堆积物侵蚀、搬运、沉积而成
LO	原生黄土	是干旱、半干旱气候条件下形成的第四纪陆相沉积物，灰黄色、钙质结核、柱状节理，遇水易崩解，具有湿陷性
LOP	黄土状物质（次生黄土）	指原生黄土被流水冲刷、搬运再沉积而成的黄土，具有层理
LI	残积物	指未经外力搬运迁移而残留于原地的风化产物
LG	坡积物	指山坡地区的风化碎屑，经重力作用，加上雨水或融雪水的侵蚀作用，搬运到山坡中、下部的堆积物
MA	洪积物	指由山洪搬运的碎屑物质在山前平原地区沉积而形成的洪水沉积体。通常在近山部分物质较粗，分选性较差，随着流水营力变弱，堆积物质也逐渐变细
FL	冲积物	指岩石风化碎屑经河流搬运沉积而成的沉积物。由于河水多次沉积，往往土层深厚，质地因流水分选作用而层次明显，沉积物成分比较复杂
PY	海岸沉积物	在海岸地带由碎屑沉积物堆积而成。沉积物由砾石组成的，称砾滩；由沙组成的，称沙滩；在波浪的长期作用下，砂粒具有良好的分选性和磨圆度，成分单一，不稳定矿物少，以石英砂最为常见。沙滩表面具有不对称波浪，内部具有交错层理

（续）

编码	名　称	定　义
AL	湖沉积物	指沉积物在湖泊中发生沉积，包括机械的、有机的和化学的沉积。机械沉积的物质来源于河流和击岸浪破坏湖岸的产物，有机沉积有贝壳的堆积、有机淤泥、腐殖质和泥炭等，化学沉积有岩盐、石膏、碳酸钙和沼铁矿等
VA	河流沉积物	地面水流汇入河流，常常携带陆地表面物质，与水流一起向下游输送。当河流的输沙能力小于其来沙量时引起泥沙迁移速度下降并停留在河床上或向道两侧，形成了河流沉积物。它包括河槽沉积物、河漫滩沉积物两种基本亚类和其他一些亚类（或过渡类型）
QR	（古）红黏土	属第三纪和第四纪沉积物，是在古代较湿热的生物气候条件下形成的。由于强烈的风化和淋溶作用，矿质颗粒遭到强烈的破坏和分解，盐基离子大量淋失而铁锰氧化物相对聚集，故呈暗红色或棕红色

3. 母质在土壤形成过程中的作用与影响　母质对成土过程的主要影响可归纳为以下 3 个方面。

母质的机械组成直接影响土壤的机械组成、矿物组成及化学成分，从而影响土壤的物理化学性质、土壤物质与能量的迁移转化过程。如在华北山区某些花岗岩、片麻岩或正长岩的分布区，由于这些岩石的组成矿物抗风化能力较弱，常形成平缓的坡地和相对深厚的风化层，且风化层疏松通透性能好，有利于形成土层深厚的壤质肥沃土壤。而在某些石英砂岩、砾岩、片岩的分布区，因岩石岩性差异较大，常被风化为岩屑、岩块和砾石，加之岩石的节理、层理也较为发育，保持水肥的性能较差，对土壤形成发育不利，多形成土层薄、质地粗的土壤。

非均质的母质对土壤形成的影响较均质母质更为复杂，它不仅直接导致土体机械组成和化学组成的不均一性，而且还会造成地表水分运行状况与物质能量迁移的不均一性。例如，上轻下黏的母质，形成蒙金土，降水迅速透过上部质地较轻的土层，而吸收贮存在质地较重的心土层中。相反，质地上黏下砂的母质形成漏风土，一方面，不利于水分下渗造成地表积水洪涝；另一方面，下渗水缓慢地透过黏土层时，只在砂黏界面短暂滞留，然后便迅速渗漏。剖面中夹黏土层的土壤不易积盐，但当土壤已盐化后，又不易洗盐。如果含有黏土或砂土夹层的母质，其土体中水分运行就更为复杂。

母岩种类、母质的矿物与化学元素组成，对土壤形成发育的方向和速率起决定性影响。也就是说，在极端的情况下，母质会在很大程度上控制土壤发育演变的方向和速率。在我国，成土母质（风化壳）可归为5个主要类型，其空间分布规律如下。

碎屑状成土母质：主要分布在青藏高原和其他高山地区。

富含易溶盐的成土母质：集中分布在新疆、甘肃、柴达木盆地、内蒙古西部等干旱地区。

富含碳酸盐的成土母质：多分布于华北及西北丘陵山区，与黄土、次生黄土、石灰岩、石灰质灰岩等碳酸盐类岩石的分布区一致。

硅铝酸盐成土母质：主要分布在东北、华北的山区，这类母质中的易溶盐和碳酸盐已经基本淋失。

富铁铝成土母质：集中分布在华南广大地区，这类母质中可溶性盐、金属和碱土金属元素比较缺乏，而富含铁铝氧化物，在没有遭受侵蚀的情况下，这类成土母质一般具有质地细腻、层次深厚等特点。

（四）地形因素的成土作用

地形是影响土壤与环境之间进行物质交换的一个重要条件。地形与母质、生物、气候等因素的作用不同，在成土过程中，地形不提供任何新的物质，主要通过影响其他成土因素对土壤形成起作用。其主要作用表现为：一方面使物质在地表进行再分配；另一方面使土壤及母质在接受光、热条件方面发生差异，以及接受降水或潜水在土体重新分配方面的差异。

1. 地形对地表水热条件的再分配　地势高度和坡向等差异导致地表水热条件变化。

（1）水热条件的高度变化。地形高度的差异，影响水、热的分配。

地形支配着地表径流，影响水分的重新分配，很大程度上决定着地下水的活动情况。在较高的地形部位，部分降水受径流的影响，从高处流向低处，部分水分补给地下水，土壤中的物质易淋失；在地形低洼处，土壤获得额外的水量，不易发生淋溶，腐殖质较易积累，土壤剖面的形态也有相应的变化。

地形也影响地表温度，不同的海拔、坡度和方位对太阳辐射能吸收和地面散射不同，例如南坡常较北坡温度高。在高原山地，随着海拔的升高，温度递减，水分蒸发减弱。在一定高度范围内降水量逐渐增加，因而湿度逐渐增大，温度和湿度的变化引起自然植被随之变化，从而在不同的高度范围内形成不同的土壤类型，出现土壤垂直分异现象。

（2）水热条件的坡向变化。包括阴、阳坡的变化和迎风坡与背风坡的变化。

阴、阳坡的变化：在北半球的南坡即阳坡，接受太阳辐射的时间较长，温度较高，水分蒸发量大，温度变化较小；而北坡则为温度低于南坡和相对湿润的阴坡。阴、阳坡水热条件的差异，导致土壤发育和性质的坡向变化。

迎风坡与背风坡的变化：在季风区，暖湿气流顺迎风坡的抬升而形成地形雨，使之成为相对低温的湿润坡；而对应的背风坡则为雨影区，即为相对高温的干燥坡。在相对高程悬殊的山地，往往由此而产生土壤的明显坡向分异。

2. 地形对地表物质的再分配

（1）地形对母质起着重新分配的作用。地形一般分为正地形与负地形，正地形是指凸起的部位，是物质和能量的分散地；负地形是指凹陷的部位，是物质和能量的聚集地。不同的地形部位常分布不同的母质，如山地上部或台地，主要是残积母质；坡地和山麓地带的母质多为坡积物；在山前平原的冲积扇地区，成土母质多为洪积物；而河流阶地、泛滥地和冲积平原、湖泊周围、滨海附近地区，相应的母质为冲积物、湖积物和海积物。

在山区、丘陵、山地坡上部的表土不断被剥蚀，使得底土层暴露出来，延缓了土壤的发育，产生了土体薄、有机质含量低、土层发育明显的初育土或粗骨性土壤；坡麓地带或山谷低洼部位，接受由上部侵蚀搬运来的沉积物，也阻碍了土壤发育，产生了土体深厚、整个土体有机质含量较高、土层分异不明显的土壤。

在河谷地貌中，不同地貌部位上可构成水成土壤（河漫滩，潜水位较高）→半水成土壤（低阶地，土壤仍受潜水的影响）→地带性土壤（高阶地，土壤不受潜水影响）发生系列（图1-1）。

图1-1　河谷地形发育对土壤形成、演化的影响示意图（张凤荣，2002）

1. 水成土壤　2. 半水成土壤　3. 地带性土壤

（2）微地形变化也对土壤发生产生影响。半干旱、半湿润的华北平原上（图1-2），存在着岗、坡、洼的微地貌变化，相对高差仅1～3 m。岗地多是河流故道，土壤砂性大，地下水质较好；洼地土壤黏重，也是水盐汇集中心。但是，盐渍土壤不在积水（雨季）的洼地，而是在岗地与洼地之间的坡地上，所谓二坡地积盐。因为二坡地质地适中，地下水借毛管上升高度大，水分蒸发后留下

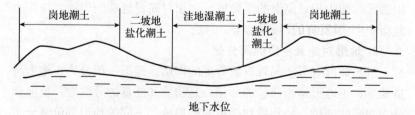

图1-2　华北平原微地貌与土壤分布示意图（张凤荣，2002）

盐分积聚于地表。而洼地雨季积水造成一定程度的淋洗，同时地表黏土层抑制蒸发，所以不致盐化。

（五）时间因素的成土作用

时间是影响土壤形成的强度因素，随时间延长各成土因素对土壤形成的影响加深，土壤的特性也出现差异。气候、生物、母质、地形等因素是通过时间作用于各成土过程。在其他因素相同的情况下，具有不同年龄或不同发生历史的土壤必然存在着性状上的差异。

1. 土壤年龄 土壤发生发育时间的长短称为土壤年龄，分为绝对年龄和相对年龄。

（1）绝对年龄是指土壤由新鲜风化层或新母质开始发育时算迄今所经历的年龄。由于具体土壤可能遭到破坏，而又在新的母质上重新开始发育，因而即使是同一地区，属于同一发生类型的土壤，它们的绝对年龄可能是不相同的。例如，河流阶地和河漫滩，同属草甸土，阶地上的土壤比河漫滩上的土壤绝对年龄要大些。绝对年龄用地学测年的方法确定，如地层对比法、古地磁断代法、热释光法、同位素法等。

（2）相对年龄是指土壤的发育阶段或土壤的发育程度。通常所说的土壤年龄是指相对年龄而不是指年数。一般来说，发育程度高的土壤，所经历的时间大多比发育程度低的土壤长。土壤相对年龄通常用土壤剖面的分异程度来确定，在一定区域内，土壤发生层次的分异愈明显（即性状上偏离母质越远）和厚度愈大，表明土壤的发育程度就愈高，土壤的相对年龄愈大。土壤剖面构型经历 $A-C$ →$A-Bw-C$→$A-Bt-C$ 等的发展。

2. 土壤发育的主要阶段 土壤发育主要包括幼年、成熟和老年三个阶段。

（1）幼年阶段。有机质在表层积累，风化、淋溶或胶体的迁移很微弱，土壤很大程度上呈现母质的特征，土壤剖面刚刚分化，多为 $A-C$ 型。土壤中有机质增加的速度大大超过有机质的分解速度（图 1-3b）。

（2）成熟阶段。土壤层次进一步明显，表层成为淋溶层（A），第二层形成淀积层（B），最下层为母质层（C），土壤剖面构型为 A-B-C（图1-3c）。

（3）老年阶段。土壤继续发育，土层高度分异，以至于在 A 层和 B 层之间形成舌状的漂白层（E），土壤进入老年阶段，土壤剖面构型为 A-E-B-C（图1-3d）。

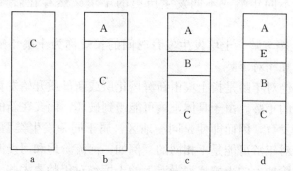

图1-3　土壤发育的阶段序列

a. 母质　b. 年轻土壤　c. 成熟土壤　d. 老年土壤

3. 古土壤及其遗留特征　理论上，自4.5亿年前陆生植物出现时起，就产生了最早的土壤。但地壳运动已使古土壤侵蚀殆尽，或重新沉积后又通过成岩作用而变成了岩石。古土壤是在与当地现代景观条件不相同的古景观条件下所形成的土壤。按古土壤分布及其保留现状，分为埋藏古土壤、残存古土壤和古土壤残余物三类。

（1）埋藏古土壤。原地形成并被埋藏于一定深度的古土壤。它一般保存较完整的剖面和一定的发生土层分异，如淋溶层、淀积层、母质层，甚至有古腐殖质层。黄土高原地区深厚的黄土剖面内埋藏的红褐色古土壤条带，即属埋藏古土壤。

（2）残存古土壤。原地形成但又遭受侵蚀后残存于地表的古土壤。残存古土壤原腐殖质层或土体上半部分已被剥蚀掉，裸露地表的仅为淋溶或淀积层以下部分。在新的成土条件下残缺剖面又可继续发育或在其上覆盖沉积物，形成分界面明显的埋藏型残存古土壤。北京低山丘陵区零星分布在各类岩石上的红色土，即属残存古土壤。

（3）古土壤残余物。古土壤经外营力搬运而重新堆积后形成，与其他物质混杂在一起。北京周口店洞穴堆积物中就有古土壤残余物。

遗留特征是指地球陆地表面现代土壤中存在与目前成土条件不相符合的一些性状。如现代河流高阶地上的土壤中发现有铁锰结核或锈纹锈斑，这是以前该河流阶地土壤未脱离地下水作用，在氧化还原交替作用下产生的；而目前由于阶地的抬升，已不具备氧化还原交替过程的条件，这些铁锰结核或锈纹锈斑就成为现代土壤中的遗留特征。

（六）人类活动对土壤形成的影响

1. 人为活动影响土壤形成的特点 自从有了人类文明史，人们就开始影响土壤的发生发展。与一般的自然成土因素相比，人类生活和生产对土壤的影响有如下特点。

（1）人为活动的影响是快速的。人为活动的影响对土壤的发生发展是快速的，并随着人类社会生产力和技术水平的提高，影响的速度、强度都提高。

（2）人为活动的影响不是孤立的。人为活动是在各自然因素发生作用的基础上进行的，各自然因素对土壤发生的影响程度主要取决于人为影响的措施类型。如灌溉、排水、种植水稻等措施，比旱耕熟化的影响要剧烈。如北方水稻土与南方水稻土相比，在土壤温度状况方面和供给矿质养分水平方面，均存在着很大的差别。

（3）人为活动的影响不是单向的。人为活动的影响有两重性，可以产生正效应（土壤熟化），也可能产生破坏性的负效应（土壤退化）。如对沼泽地进行人工排水，改善了土壤的水、气、热条件，促进土壤熟化，形成高产土壤；在盐化土壤区，通过深沟排水，降低地下水位，引淡水洗盐，改良了盐化土壤；施肥、耕作等措施改善了耕层土壤的肥力和物理性状，这些活动都促使土壤向高肥力水平和高生产力方向发展，是有益的。

（4）人为活动是有意而为之。人类活动作为一个成土因素，对土壤的影响与其他自然因素有着本质区别，这个区别就在于人类活动是有意识、有目的的。

2. 人为土壤类型 随着生产力的发展，人类对土壤的干扰程度增大，以致改变了原来土壤的基本性状，产生了新的土壤类型。有的土壤分类系统中列出了人为土分类单元，说明人们高度重视人为活动给土壤带来的影响。如联合国粮食及农业组织的土壤分类中列出人为土单元。中国土壤系统分类中设立了人为土纲，包括水稻土、菜园土、灌淤土等土类。

二、区域成土因素分析

河北省地貌复杂多样，全省由西北到东南大致分为坝上高原区、山地丘陵区、山麓平原区、冲积平原区、滨海平原区。各区成土因素的差异，形成不同的土壤类型。

（一）坝上高原区

本区位于河北省的最北部，系内蒙古高原的南缘，包括张家口坝上（冀西北坝上）和承德坝上两部分，指河北向内蒙古高原过渡的地带，具体包括张家口市的张北县、康保县、尚义县、沽源县、察北管理区、塞北管理区及承德市的丰宁满族自治县、围场满族蒙古族自治县。

1. 气候 本区属大陆季风高原气候，冬季漫长，夏季无暑，清凉宜人，围场坝上属北（寒）温带-中温带、半湿润-半干旱、大陆性季风型、高原-山地气候。年均气温只有 4 ℃，7 月平均气温24 ℃；年降水量340～450 mm；日照长，≥10 ℃积温 2 100～2 800 ℃。

2. 地形 本区包括东南坝头区、西部丘陵区、中部平原区三个类型区。南部和西南部为内蒙古高原边缘，俗称"坝头"，海拔1 600～1 800 m；东南部与崇礼区交界，桦皮岭为坝缘山地最高点，海拔2 128 m；北、中部地势平坦，向西北渐低。坝上高原属于波状高原，小地形包括坡梁、旱滩地、二阴滩、下湿滩等。

3. 母质　本区地质基底主要是太古界红旗营子群中-浅变质岩系，分布有正长岩、花岗岩、片麻岩等；盖层以火山岩系为主，包括花岗岩等侵入岩和玄武岩等喷出岩。承德围场坝上由北向南跨两个地貌单元，山峦起伏，地形复杂，其地貌发育主要有 6 种情况：太古界、泥盆-石炭系、二迭系、中侏罗系、第三系、第四系。基岩裸露，地层出露不齐全，以侏罗纪、中新纪、上更新纪及全新纪最为发育。母质类型为发育与变质岩、岩浆岩系列发育的洪冲积物、湖积物和风积物。

4. 植被　坝上高原区因气候干旱寒冷，乔木植被并不丰富，在坝缘山地有次生林分布。坝上高原主要植被类型包括樟子松、榆树、落叶松、云杉、沙棘、枸杞、山杏等。20 世纪 60 年代建造的"三北"防护林带仅有部分保留下来。

（二）山地丘陵区

太行山山地丘陵区包括保定、石家庄、邢台、邯郸所属 26 县全部或部分，建有 2 个自然保护区。地势西高东低，呈阶梯状分布。该区地处海河上游，是河北省平原的天然屏障，是根治平原洪涝灾害和维护生态平衡的关键，也是林、果、土特产品生产的重要基地；区域内河流较多，水资源较丰富；土壤类型以棕壤、褐土为主；生物种类繁多。

燕山山地丘陵区包括承德地区坝下和唐山、秦皇岛、承德三市所属 19 个县市的全部或部分。该区是河北省主要产水区之一，为滦河、蓟运河、潮白河等水系上游或发源地，冬春不竭。该区还是全省木材、干鲜果、蚕桑、畜产品和蜂蜜等土特产品的生产基地。

1. 气候

（1）太行山山地丘陵区属暖温带半干旱半湿润大陆性季风气候，四季分明，光照充足，雨热同季。春季冷暖多变，干旱多风；夏季炎热潮湿，雨量集中；秋季风和日丽，凉爽少雨；冬季寒冷干燥，雨雪稀少。年均温 7.4~14.0 ℃，年均降水量 500~750 mm。降水多集中在夏季，约占年降水量的 70%；冬春降水稀少，蒸发量大，干旱严重。年际降水变率大。

（2）燕山山地丘陵区处于暖温带大陆性季风气候区。年均温 6～10 ℃，1 月均温－12～－6 ℃，7 月均温 20～25 ℃。10 ℃以上持续期为 195～205 d，活动积温 2 600～3 800 ℃。燕山南麓是河北省多雨地带之一，年降水量 700 mm 左右，流水侵蚀作用强烈。

2. 地形

（1）太行山山地丘陵区地质基底是复式单斜褶皱，太行山北高南低，从北向南有小五台山、太白山、白石山、狼牙山、南坨山、阳曲山、王莽岭等山峰，大部分海拔在 1 200 m 以上，2 000 m 以上的高峰有河北的小五台山、灵山、东灵山、白石山等。北端最高峰为小五台山，海拔 2 882 m；东侧为断层构造，相对高差达 1 500～2 000 m，山前发育典型的洪积扇以及冲洪积平原。

（2）燕山山地丘陵区地势西北高，东南低。东西长约 420 km，南北最宽处近 200 km，海拔 600～1 500 m，主峰东猴顶海拔 2 292.6 m。北缓南陡，沟谷狭窄，地表破碎，雨裂冲沟众多。以潮河为界分为东、西两段。东段多低山丘陵，海拔一般 1 000 m 以下，植被茂盛，灌木、杂草丛生，森林面积广阔。西段为中低山地，一般海拔 1 000 m 以上，植被稀疏，间有灌丛和草地。山脉间有承德、怀柔、延庆、宣化等盆地。

3. 母质　发育在太行山和燕山山地丘陵区的土壤，其母质与基岩类型和河流形成密切相关。母质类型包括花岗岩碎屑质残坡积物、坡积物，石灰岩坡积物、黄土状母质和河流洪冲积物。

4. 植被　河北山地丘陵区自然植被包括太行山区青冈、千金榆、麻栎、蒙古栎、侧柏、刺槐、栓皮栎等乔木，酸枣、荆条、绣线菊、杜鹃、毛果杜鹃、六道木、胡枝子、野蔷薇、黄刺玫等灌木，白草、荩草、黄背草、阿尔泰狗娃花、隐子草、狗尾草、野菊等草本。

（三）山麓平原区

山麓平原又称冲洪积平原，位于山前地带，其沉积物为冲积物、洪积物，包括太行山山麓平原和燕山山麓平原。

太行山山麓平原区包括石家庄、保定、邢台、邯郸及其所属51个县的全部或部分。本区主要由河流冲积扇、洪积扇联合组成。主要土类是褐土，也有潮土、风沙土等分布；区内河流均属大清河、子牙河水系；地面植被覆盖主要是农作物。

燕山山麓平原区包括唐山、秦皇岛和廊坊所属14个县市的全部或部分，建有1个国家级自然保护区和2个省级自然保护区。该区系由潮白河、蓟运河、滦河及其他较小河流的洪积、冲积扇复合而成，土壤以草甸褐土、淋溶褐土、褐土化潮土为主，土质肥沃，且区内河流众多，引灌方便，利于发展农业。

1. 气候　本区属暖温带大陆性季风气候，四季分明，光照充足，雨热同季。春季冷暖多变，干旱多风；夏季炎热潮湿，雨量集中；秋季风和日丽，凉爽少雨；冬季寒冷干燥，雨雪稀少。山麓平原区年均温 11.0～13.5 ℃，年降水量 500～650 mm；降水多集中在夏季，约占年降水量的 70%；冬春降水稀少，蒸发量大，干旱严重。年际降水变率大。

2. 地形　本区处于山前地带，因河流出山进入平原，河流纵比降急剧减小而发生大量堆积，形成冲积扇，许多冲积扇联结成洪积-冲积倾斜平原。

3. 母质　山麓平原区土壤母质主要是较粗颗粒的洪积物和河流冲积物。

4. 植被　山麓平原区自然植被包括太行山、燕山山麓边缘生长旱生、半旱生灌丛或灌草丛，局部沟谷或山麓丘陵阴坡出现小片落叶阔叶林；人工种植的乔灌木包括紫穗槐、河北杨、元宝槭、槐、绦柳、榆树、臭椿、刺槐、栾等；小麦、玉米、棉花、大豆、花生、甘薯等农作物，以及白菜、茄子、辣椒、茴香、韭菜、菠菜、萝卜等蔬菜。田间杂草以狗尾草、马唐、牛筋草、鸭跖草、鸡眼草、葎草、小藜、灰绿藜等。

（四）冲积平原区

在长期构造下沉条件下，冲积平原能堆积很厚的冲积物，冲积平原又称泛滥平原，其沉积物主要是冲积物，其中还夹有湖积物、风积物。中部平原坡度较缓，河流分汊，水流速度较小，带来的物质较细。洪水时期，河水溢出河谷，大量悬浮物随洪水一起溢出，在河谷两侧堆积成自然堤。若自然堤被洪水冲溃，则形成决口扇。当洪水消退后，决口扇上沙粒被风吹扬，形成风成沙丘或沙地。冲积平原上的河流经常改道，在平原上留下许多古河道遗迹，并保留一些沙堤、沙坝、迂回扇、牛轭湖、决口扇和洼地等地貌及其沉积物。该区主要包括衡水、沧州、邯郸、邢台、保定、廊坊所属58个县市的全部或部分。土壤以潮土、盐渍化潮土、褐土化潮土、湿潮土为主。本区自产地表径流多为汛期沥水。

1. 气候 本区属暖温带大陆性季风气候，四季分明，光照充足，雨热同季。春季冷暖多变，干旱多风；夏季炎热潮湿，雨量集中；秋季风和日丽，凉爽少雨；冬季寒冷干燥，雨雪稀少。年均温11.0～13.3 ℃，年降水量550～650 mm；降水多集中在夏季；冬春降水稀少，蒸发量大，干旱严重。年际降水变率大。

2. 地形 冲积平原区地势低平，起伏和缓，海拔大部分在200 m以下，相对高度一般不超过50 m，有的仅10～20 m；坡度一般在5°以下，有的不到1°或0.5°。地形主要包括平原、河流故道、交接洼地和湿地。

3. 母质 冲积平原是由河流沉积作用形成的平原地貌。河流下游的水流没有上游般急速，从上游侵蚀的大量泥沙到了下游，因流速不再足以携带泥沙，使这些泥沙沉积在下游。尤其当河流发生水浸时，泥沙在河的两岸沉积。因此，冲积平原区土壤母质类型以冲积物为主，其中还夹有湖积物、风积物。

4. 植被 河北冲积平原区原生植被被农作物所取代，主要包括农作物和林业植被，有枣、苹果、梨等果树，紫穗槐等灌木，青甘杨、榆树、槐等乔木，小麦、玉米、棉花、大豆、花生、甘薯等农作物，以及白菜、茄子、番茄、辣椒、南瓜、茴香、韭菜、菠菜、萝卜等蔬菜。田间杂草以狗尾草、马唐、田旋花、牛筋草、鸭跖草、鸡眼草、莎草、小藜、灰绿藜等为主。

（五）滨海平原区

滨海平原又称三角洲平原，其成因属冲积-海积类型。其沉积物颗粒很细，湖沼面积大。因有周期性的海潮侵入陆地，形成海积层与冲积层交错的现象。河北省滨海平原区包括黄骅、海兴、盐山、孟村、唐海和沧州市区的全部，青县、沧县东部，丰南、滦南、乐亭的南部。该区多为海积地貌，地势低平而排水不畅，易造成涝灾。冰冻、风暴潮、风浪是滨海滩涂和近海资源开发利用的主要限制因素。土地资源丰富，但盐渍化严重。水资源贫乏成为农业生产的限制因素，未利用土地面积较大。应充分利用海水资源，发展海水养殖。利用河岸、渠旁、道路两侧大力植树，构成农田防护林网，改善生态环境。

1. 气候　本区属暖温带半湿润大陆性季风气候，四季分明，光照充足，雨热同季。春季冷暖多变，干旱多风；夏季炎热潮湿，雨量集中；秋季风和日丽，凉爽少雨；冬季寒冷干燥，雨雪稀少。全年平均气温 $10.8 \sim 12.6$ ℃，年降水量 $600 \sim 700$ mm；降水多集中在夏季，约占年降水量的 73%；冬春降水稀少，蒸发量大，干旱严重。年际降水变率大。太阳辐射资源较丰富，年平均日照时数 2 461.9 h。全年盛行风向为西南风，年平均风速 3.1 m/s。气象灾害主要有暴雨洪涝、干旱、寒潮冻害、冰雹、大风、高温、台风、大雾、干热风、风暴潮等，种类多，范围广，频率高，持续时间长。

2. 地形

（1）内陆地貌（平原地貌）。因黄河古道冲积作用，造成河湖相沉积不均及海相沉积不均，出现微型起伏的小地貌，即一些相对高地和相对洼地。洼地近海海拔 $1 \sim 5$ m；南部、西南部为相对高地，海拔约 7 m。现代地貌的基底为太古界建造的结晶片岩、花岗片麻岩和混合岩。成陆原因主要为海积作用和冲洪积作用。

（2）海岸地貌。由海侵又转化为海退以后逐渐形成的，包括淤积型泥质海岸、岩石海岸。海岸平坦宽阔，上有贝壳堤、沼泽堤、海滩，组成物质以淤泥、粉沙和贝类动物的壳体为主。沿岸海域受降水和河流径流影响，含盐度远较大洋低；有低盐季和高盐季，分为冬季、夏季和过渡季 3 种类型，冬季含盐度可达 31‰，夏季含盐度一般为 22‰～26‰，过渡季含盐度一般为 29‰～31‰。

3. 母质　基岩埋深 1 000～2 000 m。最上一层地层以第四纪海相沉积为主，夹有 3 次河湖相沉积的松散层，自下而上分为下、中、上更新统和全新统。母质类型为河流冲积物和海积物。

4. 植被　河北滨海平原区自然植被包括耐盐碱的陆生植物、喜潮湿环境的湿生植物，包括白刺、芦苇、碱蓬、柽柳、盐角草、冰草等盐生植物，以芦苇、碱蓬为优势种。湿地周边盐碱地上碱蓬、灰绿藜、碱茅、白茅等为优势种的岗坡植物，多为一年生草本植物。在水库、鱼虾养殖池及盐田水洼，分布着大量沉水植物，以狐尾藻等为主。水库中的挺水植物主要是芦苇和达香蒲。

农业和林业种植区，主要有枣、苹果、梨等果树和小麦、玉米、高粱、棉花、大豆、花生、油菜、甘薯等农作物，以及白菜、茄子、番茄、辣椒、南瓜、茴香、韭菜、菠菜、萝卜等蔬菜。

第二节　主要成土过程

成土过程也称土壤形成过程，是指在各种成土因素的综合作用下，土壤发生发育的过程。它是土壤中各种物理、化学和生物作用的总和，包括岩石的崩解，矿物质和有机质的分解、合成，以及物质的淋失、淀积、迁移和生物循环等。在特定的生物、气候、地形等成土条件下，土壤的主导成土过程及辅助成土过程是相对稳定的，从而形成了特定的土壤属性。

河北省土壤形成过程主要有：有机质积累过程、黏化过程、钙化过程、盐化与脱盐化过程、碱化与脱碱化过程、潜育化过程、潴育化过程和熟化过程。这些土壤形成过程发育程度不同，彼此间相互组合影响土壤属性，最终反映在土壤剖面、土壤层次的性状和生产性能上。

一、有机质积累过程

有机质积累是木本或草本植被覆盖下有机质在土体上部积累的过程。有机质积累过程的结果，使土体发生分化，在土体上部形成一暗色的腐殖质层。根据地上部植被的不同，并受到气候等其他成土因素的综合影响，一般有以下 3 种。

1. 腐殖质化过程　该过程主要表现在温带草原土壤系列。即半干旱与半湿润的温带草原、草甸或森林草原等生物气候条件下，有机质在土体中积累量较大，有明显的"死冬"季节，使有机质停止分解，加上土壤的水分状况促使土壤微生物进行适量的好氧与厌氧分解，土体中 Ca^{2+} 的饱和程度也较高，因而形成含量较高的黑色胡敏酸的钙饱和腐殖质，腐殖质层（Ah）深厚（如＞30 cm），具团粒结构，土层松软。

2. 粗腐殖质化过程　该过程主要表现在淋溶土或森林土壤系列。森林残落物较多，且木质素、单宁含量高，水分条件差，残落物腐解过程较差，形成所谓酸性的粗腐殖酸过程，以富里酸为主，腐殖质层较薄。其上的半分解枯枝落叶层多用 Oi 表示。

3. 泥炭化过程　在沼泽、河湖岸边低湿阶段，地下水位高，土体中水分过多，湿生、水生生物年复一年枯死，其残落物不易被分解，日积月累堆积形成有机物质分解很差的泥炭，可见未分解的植物残体，称为泥炭化过程。泥炭层多用 Oa 表示。地表的泥炭化过程与底层的潜育化往往同时发生。

河北省所有类型土壤均具有有机质积累过程。

二、黏化过程

黏化过程指土体中矿质颗粒由粗变细而形成黏粒，以及黏粒在剖面中积聚的过程。如果由于残积黏化或者淋溶淀积黏化的作用使得某个土层的黏粒含量显著超过上部淋溶层的 20%，则可以认为该层土壤为发生学上的黏化层。一般认为，黏化过程在 B 层表现最明显，则形成 Bt 层。黏化层在形态上的典型表现为颜色棕褐，结构面上有胶膜。黏化过程包括残积黏化和淀积黏化。

1. 残积黏化　　残积黏化是指在温暖半湿润气候条件下，原生矿物由于土内风化形成黏粒并聚集 B 层，形成 Bt 层的过程。这种 Bt 层一般 pH 近中性，黏粒不发生机械移动，因而黏粒没有光学向性，土壤结构表面无明显的黏粒胶膜光泽，黏化层厚度随土壤湿度的增加而增加。残积黏化包括两方面：一方面是矿物中的铁在当地水热条件下，在土体内进行铁质化合物的水解与氧化，形成部分游离氧化铁（有无定型与微晶型），所以土体颜色发红，也可称之红化作用，这也是所谓艳色的原因，但总体含铁量不产生变异；另一方面是土壤原生矿物形成水化云母、蛭石、高岭石等次生矿物的次生黏化过程，褐土中的黏化过程主要以这种黏化为主。

2. 淀积黏化　　淀积黏化是指在湿润和半湿润的温暖地带，土体上层风化的黏粒分散于土壤下渗水中形成悬液，并随渗漏水活动而在土体内迁移到一定土体深度，由于物理（如土壤质地较细的阻滞层）或化学（如 Ca^{2+} 的絮凝作用）作用而淀积。这种 Bt 层一般距表土有一定的深度（与降水量有关），pH 偏酸性，结构面上胶膜明显，定向排列，黏粒的纵轴平面总是与接受平面平行，在偏光显微镜下观察有结晶矿物的光学性质，又称光学定向黏粒。如棕壤剖面中往往有如此特征。

河北的褐土、棕壤在成土过程中易出现黏化过程。

三、钙化过程

钙化过程指土壤剖面中碳酸盐的淋溶与淀积过程，主要包括以下 3 个过程。

1. 脱钙过程　　在湿润半湿润区，降水量大于蒸发量的生物气候条件下，矿物风化过程的先期就是脱钙，钙以碳酸氢钙的形式溶于土壤水而排出土体，使土壤呈盐基不饱和状态，没有石灰反应。

2. 积钙过程　　在干旱半干旱区，碳酸氢钙不会完全排出土体，而是由 A 层或 AB 层向下淋溶到一定深度，由于土壤孔隙中二氧化碳分压或水分含量降低，碳酸氢钙放出二氧化碳变成碳酸钙而在土壤中淀积形成钙积层。在干旱、半干旱的草原气候条件下，土壤淋溶作用较弱，大部分易溶性盐类（钾、钠）从土壤中淋失，钙、镁盐类部分淋失或很少淋失，硅、铁、铝基本未动。钙、镁成为迁移中的标志元素，即土壤胶体表面和土壤溶液多为钙、镁饱和。土壤表层残存钙和植物残体分解所释放的钙，在雨季以重碳酸钙的形态向下淋洗，在土壤一定深度（中部）积累，形成白色钙积层。

淀积的形状及层位高低，均与生物气候条件有关。一般大气干燥度小，如湿草原和草甸草原，其碳酸钙可能在 B 层或 C 层以假菌丝体或斑点状出现；在半干旱、半湿润的气候条件下，通常是上部土层脱钙，而下部土层出现钙积，可见到松软粉末状石灰或石灰结核等钙积特征；如果在干燥度大的干草原和荒漠草原，则碳酸钙可能在 B 层甚至在 A 层沉积，其形状多为石灰结核且大量出现。

3. 复钙过程　复钙过程指有一部分已经脱钙的土壤表层，由于自然因素（如生物表层吸收积累或风带来的含钙尘土降落）或人为施肥（如施用石灰、钙质土粪等），表土层含钙量大于 B 层的成土过程。

碳酸盐淀积形态因碳酸钙运动形式、母质种类以及碳酸钙含量等因素不同，表现为以下几种形式：假菌丝状钙积层、斑状钙积层、层状钙积层、隐形钙积层（外表看不到碳酸钙的淀积，但有强烈的石灰反应，碳酸钙含量明显高于或低于下层土壤）、砂姜层。

河北的栗钙土、栗褐土、褐土等均有钙化成土过程。

四、盐化与脱盐化过程

1. 盐化过程　盐化过程主要是干旱、半干旱气候条件下，地下水中的盐分通过毛管蒸发而在土壤表层和土体上部进行积累形成盐化层的过程。这些盐分主要是一些中性盐类，如 $NaCl$、Na_2SO_4、$MgSO_4$、$MgCl_2$。在滨海地区，盐分来源于海水浸渍，pH 一般在 $7.0 \sim 8.5$，盐分主要残留在土壤表层，形成盐霜、盐结皮。

2. 脱盐化过程　脱盐化过程是指由于淋洗可溶性盐从某一土层或从整个剖面中移去的过程。在下行水的携带下，土壤中的可溶性盐被迁移到下部土层或被淋洗出整个土体。脱盐过程或发生于地形抬升，或发生于气候变湿，或人工排水改良等情况下。

土壤盐分主要有以下 2 种累积形态：一是盐结皮层，干旱季盐分地表聚集，结皮厚度 1～3 cm，与下层土体衔接不紧。蓬松状结皮含盐以硫酸盐为主，潮湿状结皮以氯化物为主。二是盐化层，盐分以硫酸盐为主的土壤含盐量在 0.2% 以上，盐分以氯化物为主的土壤含盐量在 0.1% 以上。

河北的盐土、盐化土具有盐化成土过程。

五、碱化与脱碱化过程

1. 碱化过程 碱化过程是指交换性钠不断进入土壤吸收复合体的过程，又称钠质化过程，主要有 Na_2CO_3、$NaHCO_3$。土壤呈强碱性反应，$pH>9.0$，土壤黏粒被高度分散，造成湿时泥泞、干时坚硬，土体内闭结，大孔隙少，物理性状极差。

土壤碱化的机理有 3 种学说，分别为脱盐交换学说、生物积累学说和硫酸盐还原学说。

（1）脱盐交换学说。指中性钠盐（$NaCl$、Na_2SO_4）解离后，大量 Na^+ 交换土壤胶体上所吸附的 Ca^{2+}、Mg^{2+} 而使土壤碱化。

（2）生物积累学说。即藜科植物吸收大量钠盐，死亡并矿化后形成的 Na_2CO_3、$NaHCO_3$ 等碱性钠盐而使土壤胶体吸附 Na^+ 逐步形成碱土。

（3）硫酸盐还原学说。即地下水位较高的地区，Na_2SO_4 与有机质在厌氧性条件下解离，其硫酸盐还原细菌使 Na_2SO_4 变为 Na_2S，进而与 CO_2 作用形成 Na_2CO_3，而使土壤碱化。

土壤碱化过程可形成 2 层：一是碱化结皮层，洼处地表红棕色，黏粒结皮、裂缝，下为 1～3 cm 结壳，背面有较多海绵状气孔；二是碱化层，土层内钠离子占土壤交换性阳离子总量的 5% 以上，$pH>8.5$。

2. 脱碱化过程 脱碱化过程是指 Na^+ 脱离土壤胶体进入土壤溶液的过程，造成黏粒（胶体）分散。这是由于 Na^+ 脱离胶体而进入土壤溶液,此时土壤溶液中又缺少 Ca^{2+}、Mg^{2+} 等其他阳离子,不能填补胶体负电荷。如果淋洗碱土的水中含有高浓度的 Ca^{2+} 或 Mg^{2+},则可以减少分散,因为 Ca^{2+} 和 Mg^{2+} 可以置换胶体上的 Na^+,起到凝聚胶体的作用。

河北的碱土和碱化土具有碱化成土过程。

六、潜育化过程

指土壤长期渍水、有机物质处于厌氧分解状态,铁锰强烈还原,形成灰蓝-灰绿色土体的过程。在渍水环境和有机物还原影响下,土壤矿物质中的铁锰处于还原状态,可产生磷铁矿、菱铁矿等次生矿物,从而使土体染成灰蓝色或青灰色,形成潜育层。

潜育层常年持续饱和滞水,处于闭气状态。如果土层受到植物根系穿插,根部周围的土壤受到自根孔透入空气的影响,引起低价铁锰局部氧化,在灰蓝色土层内会有一部分高价铁锰凝聚而形成的锈纹、锈斑和铁锰结核。

河北的沼泽土和水稻土中常出现潜育化成土过程。

七、潴育化过程

潴育化过程即氧化-还原过程,也称假潜育化过程。它是指潜水经常处于变动状况下,土体中干湿交替比较明显,由于这个特点,土壤中变价的铁锰物质交替发生淋溶与淀积,而使土体出现锈斑、黑色铁锰斑或结核、红色胶膜或"鳝血斑"等新生体,形成潴育层。

在低洼地区,地下水位雨季抬高,旱季下降,雨季地面积水,旱季地面脱干。土体中一定层段,一年中有一段时间为地下毛管水或上层下渗水分饱和,另一段时间处于水分不饱和甚至脱干状态,造成这一土层干湿交替。干湿交替下铁锰氧化还原作用逐年重复,在土体内某一层段交互进行,在土层内和土壤结构面上形成锈纹锈斑、铁锰结核或管状铁锰氧化物。

河北的潮土、草甸土经常出现潴育化成土过程。

八、熟化过程

1. 熟化过程的定义与特点 熟化过程是指在人为干预下，土壤兼受自然因素和人为因素的综合影响进行的发育过程。其中，人为因素是主导的。一般熟化过程是指在人为因素影响下，采用耕作、施肥、灌溉、排水和其他措施，使土壤的土体构型被改造，土壤中对作物生长有障碍的因素被减弱或消除，土体水、肥、气、热等诸方面得以协调而不会发生急剧变化等，从而为农作物高产稳产创造有利的土壤条件。一般情况下，土壤熟化措施都是有目标、有针对性的，所以往往改变土壤性质的时间是很短的，也就是说土壤熟化过程具有快速、定向两大特点。

2. 熟化过程的类型 根据农业利用特点和对土壤的影响特点，土壤熟化可分为旱耕熟化与水耕熟化两种类型。

（1）旱耕熟化。指在原来自然土壤的基础上，通过人为平整土地、耕翻、施肥、灌溉以及其他改良措施，使土壤向有利于作物生长方向发育、演变。例如，使生土变熟土、熟土变沃土、低产土变高产土。所有耕地均具有该成土过程。

旱耕熟化又可分为堆垫熟化、菜园熟化、灌淤熟化等特殊熟化过程。堆垫熟化是指在耕种过程中，大量施用土粪，常年重复叠加，形成人为客土培肥的表层、亚表层。此外，在人为垫地造田、修筑梯田与台田过程中，一次性堆垫厚层客土，也可以形成深厚的人为堆垫剖面。菜园熟化是指长期种植蔬菜，大量施用有机肥、人粪尿、城市杂肥、炉灰垃圾，精耕细作，频繁灌溉，在旱耕熟化、堆垫熟化基础上，进一步高度熟化形成的土壤表层。灌淤熟化是指在旱作过程中，长期引洪灌溉，灌溉水中携带的物质逐年淤积加厚，同时进行耕作施肥，掺混形成的特殊人为熟化表层。

（2）水耕熟化。指在原来自然土壤的基础上，因种植水稻而为满足水稻生长的需要采用一系列的水耕管理措施，达到稳水、稳温、稳肥、稳气条件。水耕熟化的结果，便会产生水稻土特殊的形

态学特征和理化性状，而与原来的土壤（起始土壤）有极大的
区别。

其主要特点是土壤表层氧化还原过程交替进行，这种交替过程
形成灰色糊泥状表层。表层土粒和微团聚体分散，呈糊泥状态，干
时粒状、块状结构，暗棕灰色，稻根较多；稻田犁底层，浸水条件
下犁具挤压形成，紧实板结，层状、片状结构，具有一定保水缓渗
作用；稻田淀积层，灌溉水下渗所携黏粒、盐基、钙质淀积而成，
较黏重，柱状结构。

土 壤 分 类

　　土壤分类是根据土壤发生发展规律及所表现的特性，对土壤进行的科学区分，即建立一个符合逻辑的多级系统，将有共性的土壤划分为同一类。根据土壤形成因素及作用系统地认识土壤，通过比较土壤间的相似性和差异性，对土壤进行区分和归类，同时给予土壤类型适当的名称。本章阐述了土壤分类单元、分类等级和土壤分类的发展简史，详细介绍了我国土壤发生分类与土壤系统分类两种分类系统的原则、命名与划分依据，提出了河北省主要土壤类型发生分类与系统分类的参比体系，可为三普提供重要的理论基础，为土壤改良利用提供依据。

第一节　土壤分类概况

一、土壤分类单元

　　土壤是由无数个体（单个土体）组成的复杂庞大的群体系统。土壤个体之间存在着许多共性，也存在着相当大的差异。如果不对土壤群体进行分类，就难以认识土壤个体之间的差异性或相似性，也很难理解它们之间的关系。因此，选择土壤的某些性质作为区分标准，将土壤群体中的个体进行分类形成土壤类型，以便人们在不同的水平上认识土壤，区分各种土壤以及它们之间的关系。土壤分类单元就是所选择的作为区分标准的土壤性质相似的一组土壤个体，并且依据这些性质区别于其他土壤类型。

二、土壤分类等级

土壤群体如此复杂，用单一层次的分类不能表明相互关系，人们按照土壤个体的相似程度对土壤群体进行逐级区分形成分类等级。各分类等级构成纵向的归属关系，同一分类等级的各分类单元构成横向的对比关系。高级土壤分类单元包括较多的土壤个体，个体之间的性质差异大；而低层次分类单元包括较少的土壤个体，并且个体之间的相似程度高。我国土壤分类体系中土类构成土壤分类系统的主体，土类再向下分成亚类，例如，褐土土类由典型褐土、淋溶褐土、石灰性褐土、潮褐土等亚类构成，亚类之间的相似程度要比土类间的相似程度高。

三、土壤分类的发展简史

古代的土壤分类是从形态着眼的，古希腊、古罗马的土壤分类如此，我国春秋战国时代的土壤分类也是如此。如《禹贡》一书主要根据土壤颜色将全国土壤分为白壤、黑坟、赤殖、青黎、黄壤等。

直至 18 世纪中叶，随着科学技术的发展，土壤发生学的思想萌芽才产生，随之出现了按成因对土壤进行分类的方法。如法鲁根据地质成因类型，划分不同成因类型的风化残积土（石灰岩土、花岗岩土、黏土岩土等）和不同质地的冲积土等；其后，李希霍芬将土壤划分为洪积、海积、冰积、风积等成因类型。

真正的土壤发生分类产生于 19 世纪末。俄国土壤学家道库恰耶夫发现土壤类型随成土因素变化而变化的规律，创立了土壤形成因素学说，并根据这一观点提出了土壤发生分类系统和黑钙土、栗钙土等土类名称。道库恰耶夫创立的土壤发生分类思想和方法，在国际上产生了广泛而深入的影响，20 世纪以来的各国土壤分类无一不受其影响，即使以土壤本身性质划分土壤类型的美国诊断土壤分类体系也是如此。

诊断定量化的土壤分类方法代表了当今世界土壤分类的发展趋

势。这并不意味着土壤发生学分类已过时，反而体现了其以土壤发生学为指导思想，整合土壤资料数据，在分类定量化方面的进步。

第二节　土壤分类系统

土壤分类系统是指土壤分类的科学体系。目前我国主要使用土壤发生分类系统和土壤系统分类系统两类。

一、中国土壤发生分类系统

（一）土壤分类的目的、原则

1. 土壤分类的目的　根据对大量具体材料的分析对比，将外部形态和内在性质相同或近似的土壤，并入相当的分类单位，纳入一定的分类系统，以准确反映土壤之间以及土壤与环境之间在发生上的联系，反映土壤肥力水平和利用价值，为合理利用土壤、改良土壤和提高土壤肥力提供依据。其目的可归纳为3个：建立分类系统、进行国际交流、服务生产实际。

土壤分类的成果可反映土壤科学的发展水平，特别是土壤地理学和土壤发生学的研究水平。土壤分类的成果，在实践上可为提高农业生产水平服务。

2. 土壤分类的原则

（1）发生学原则。以成土因素、成土过程、土壤属性作为基本依据，以土壤属性为基础。

（2）统一性原则。分类时将耕种土壤与自然土壤统一考虑，具体分析自然因素、人为因素（联系、演变规律）。

（3）科学性、生产性、群众性三结合原则。在土壤分类实际进行过程中，贯彻科学性、生产性、群众性三结合的原则，将分类系统与生产实践、农民群众的实际运用紧密结合，使分类系统保持系统性、科学性和实用性的统一。

（二）土壤发生分类及其依据

现行中国土壤分类系统是由全国第二次土壤普查办公室为汇总

第二次全国土壤普查成果编撰《中国土壤》而拟定的七级分类系统。其高级分类自上而下是土纲、亚纲、土类、亚类，低级分类自上而下是土属、土种和变种。2009 年发布了土壤发生分类系统国家标准，分类系统确定到土种，包括土纲、亚纲、土类、亚类、土属、土种共六级。河北省土壤类型共涉及 8 个土纲 13 个亚纲 21 个土类 57 个亚类。

　　土壤发生分类系统的高级分类单元主要反映的是土壤在发生学方面的差异，而低级分类单元则主要考虑土壤在其生产利用方面的不同。高级分类用来指导小比例尺的土壤调查制图，反映土壤的发生分布规律；低级分类用来指导大、中比例层的土壤调查制图，为土壤资源的合理开发利用提供依据。

　　1. 土纲　土纲是对有共性的土类的归纳与概括。如半淋溶土纲，属于我国北方既有淋溶又有碳酸钙淀积的几类土壤的统称，如褐土、黑土、灰色森林土等土类均归于这一土纲，这些土类地处湿润森林淋溶土壤和半干旱草原钙层土壤的过渡地带，土壤性状兼有淋溶土和草原土的某些特点。全国土壤共分铁铝土、淋溶土、半淋溶土、钙层土、干旱土、漠土、初育土、半水成土、水成土、盐碱土、人为土、高山土等 12 个土纲。河北省包括淋溶土、半淋溶土、钙层土、初育土、半水成土、水成土、盐碱土、人为土等 8 个土纲。

　　2. 亚纲　在土纲范围内，根据土壤形成的水热条件划分，反映控制现代成土过程的成土条件。如半淋溶土纲根据温度状况不同划分为半湿暖温半淋溶土和半湿温半淋溶土两个亚纲，两者的差别在于热量条件。全国土壤共分 30 个亚纲。河北省包括湿暖温淋溶土、半湿暖温半淋溶土、半湿温半淋溶土、半干温钙层土、半干温暖钙层土、土质初育土、石质初育土、暗半水成土、淡半水成土、矿质水成土、盐土、碱土、人为水成土和灌耕土 14 个亚纲。

　　3. 土类　土类是高级分类中的基本分类单元。土类的划分强调成土条件、成土过程和土壤属性三者的统一与综合。土类之间在成土条件、成土过程、土壤性质方面都有质的差别。如褐土土类代表半湿润暖温带地区碳酸盐弱度淋溶与聚积，有次生黏化现象的棕色土壤；黑土代表温带湿润草原下发育的有大量腐殖质积累的土壤；栗钙土则代表温带半干旱大陆性气候和干草原植被下经历腐殖质积累过程和钙积过程形成的，具有明显栗色腐殖质层和碳酸钙淀积层的钙积土壤。全国土壤共分 60 个土类，河北省包括 21 个。

土类划分的依据如下：

（1）地带性土壤类型和当地的生物、气候条件相吻合；非地带性土壤类型（如岩成土、水成土）由特殊的母质、过多的地表水或地下水的影响而形成。

（2）在自然因素与人为因素作用下，具有一定特征的成土过程，如灰化过程或潜育化过程、黏化过程、富铝化过程、水耕熟化过程等。

（3）每一个土类具有独特的剖面形态及相应的土壤属性，特别是具有作为鉴定该土壤类型特征的诊断层，例如灰化土的灰化层、褐土的黏化层、红壤的富铝化层。

（4）由于成土条件和成土过程的综合影响，在同一土类内，必定有相似的肥力特征和改良利用方向与途径，例如红壤的酸性、盐土的盐分、褐土的干旱问题。

因此，在土壤三普的土类调查中，将浅色草甸土改为潮土或新积土；菜园土改为潮土；盐土改为草甸盐土或滨海盐土。

表 2-1 是第二次全国土壤普查成果《中国土壤》所拟定的中国土壤分类系统中的高级分类体系，并结合河北主要土壤类型进行了整合，形成了河北省土壤发生分类系统高级分类表。

表 2-1　河北省土壤发生分类系统高级分类表

土 纲	亚 纲	土 类	亚 类
淋溶土	湿暖温淋溶土	棕壤	典型棕壤、潮棕壤、棕壤性土
半淋溶土	半湿暖温半淋溶土	褐土	典型褐土、淋溶褐土、石灰性褐土、潮褐土、褐土性土
	半湿温半淋溶土	黑土	典型黑土
		灰色森林土	典型灰色森林土

（续）

土纲	亚纲	土类	亚类
钙层土	半干温钙层土	栗钙土	暗栗钙土、典型栗钙土、草甸栗钙土、盐化栗钙土、碱化栗钙土、栗钙土性土
	半干温暖钙层土	栗褐土	典型栗褐土
初育土	土质初育土	红黏土	典型红黏土
		新积土	冲积土
		风沙土	草原风沙土、草甸风沙土
	石质初育土	石质土	酸性石质土、中性石质土、钙质石质土
		粗骨土	酸性粗骨土、中性粗骨土、钙质粗骨土
半水成土	暗半水成土	草甸土	典型草甸土、石灰性草甸土、潜育草甸土、盐化草甸土
		砂姜黑土	典型砂姜黑土、石灰性砂姜黑土、盐化砂姜黑土
	淡半水成土	山地草甸土	典型山地草甸土
		潮土	典型潮土、脱潮土、湿潮土、盐化潮土、碱化潮土
水成土	矿质水成土	沼泽土	典型沼泽土、泥炭沼泽土、草甸沼泽土、盐化沼泽土
盐碱土	盐土	草甸盐土	典型草甸盐土、碱化盐土
		滨海盐土	典型滨海盐土、滨海潮滩盐土
	碱土	碱土	草甸碱土、盐化碱土
人为土	人为水成土	水稻土	潴育水稻土、淹育水稻土、潜育水稻土、盐渍水稻土
	灌耕土	灌淤土	典型灌淤土、潮灌淤土、盐化灌淤土

资料来源：《中国土壤》，1998；《河北土壤》，1990。

4. 亚类 亚类是在同一土类范围内的划分。一个土类中有代表其中心概念的典型亚类，即在特定成土条件和主导成土过程下产生的典型土壤；也有表示一个土类向另一个土类过渡的过渡亚类，它是根据主导成土过程以外的附加成土过程来划分的。如栗钙土的主导成土过程是腐殖质积累和钙积过程，典型概念的亚类是典型栗钙土；而根据主要成土过程的表现程度，栗钙土分暗栗钙土、典型栗钙土、栗钙土性土；当地势平坦，地下水参与成土过程，则在心底土中形成锈纹锈斑或铁锰结核，发生潜育化过程，土壤不同层次出现盐分积累，则发生盐化过程或碱化过程，但这是附加的次要成土过程，据此可分为草甸栗钙土、盐化栗钙土和碱化栗钙土。全国土壤划分为 229 个亚类，河北包括 57 个，详见表 2-1。

亚类划分的主要依据如下：

（1）同一土类的不同发育阶段，表现为成土过程和剖面形态上的差异。例如，把褐土划分为淋溶褐土和石灰性褐土，反映了褐土中碳酸盐的积聚与淋溶的不同发育阶段。

（2）不同土类之间的相互过渡，表现为主要成土过程中同时产生附加的次要成土过程。例如，潮土和褐土之间的过渡类型有脱潮土（原沼泽化潮土）亚类和潮褐土亚类。

因此，在三普土壤亚类调查中，褐土性土、棕壤性土亚类，如表土层 10~30 cm，风化/半风化母质层 20~50 cm，土体砾石含量>50%（>2 mm），A-C 构型，表土层下部风化/半风化母质，划为粗骨土土类；原冲积土土类划为新积土下的亚类；水稻土视水文状况确定淹育型、潴育型、盐渍型、潜育型水稻土亚类，沼泽土型水稻土、泥炭土型水稻土改为潜育水稻土；山地棕壤根据剖面特征改为典型棕壤或棕壤性土，生草棕壤改为典型棕壤，草甸棕壤改为潮棕壤；碳酸盐褐土改为石灰性褐土，草甸褐土改为潮褐土；褐土化潮土改为脱潮土，沼泽化潮土改为湿潮土；脱沼泽草甸土改为典型草甸土，沼泽草甸土改为潜育草甸土。

5. 土属　土属是中级分类单元，主要根据成土母质的成因类型、岩性与区域水文控制的盐分类型等地方性因素进行划分。如母质可分为残坡积物、洪积物、冲积物、湖积物、海积物、黄土状物质等。残积物根据岩性的矿物学特征细分为基性岩类、酸性岩类、石灰岩类、石英岩类、页岩类；洪积物和冲积物多为混合岩性，可根据母质质地分为砾石、砂质、壤质和黏质等。对不同的土类或亚类，所选择的土属划分的具体标准不一样。土属以上的高级分类主要反映气候和植被等地带性成土因素及其结果，土属的划分主要反映母质和地形（地下水）的影响。

在三普中，规定了不同土类划分土属的具体依据：潮土采用质地（以 0～1 m 土体内细土主体质地联合土体内砾石含量划分，下同）、石灰性确定；草甸土采用质地或盐分类型确定；新积土采用质地确定；粗骨土、石质土采用母质/母岩确定；山地草甸土采用质地确定；草甸盐土采用盐分类型确定；滨海盐土采用质地确定；水稻土采用母质、盐分类型确定；沼泽土直接沿用亚类名称；风沙土采用流动/固定状态确定；其他土壤类型采用母质确定。

0～1 m 土体内细土主体质地联合土体内砾石含量划分：当表土以下至 100 cm 土体内＞2 mm 砾石含量＜15％（体积百分比）时，根据 0～100 cm 土体内细土的主体质地（国际制）划分为砂质（指砂土、砂壤土）、壤质（指壤土、粉砂质壤土、砂质黏壤土）、黏质（指砂质黏土、壤质黏土、粉砂质黏土、黏土、重黏土）3 个质地大类以及 1 个泥质混合质地（泥质土壤质地为壤土、黏壤土、粉砂壤土、砂黏壤土、粉黏壤土或黏土、粉质黏土等）。泥质混合质地具体划分方法如下。

（1）当 100 cm 土体内以某一质地大类为主，且其厚度超过 50 cm 时，该质地大类即为主体质地类型，命名为砂质，或壤质、黏质。

（2）当 100 cm 土体内存在两种主要质地类型，且均在 50 cm 左右时，以表层 0～50 cm 质地类型来命名。

（3）如果 100 cm 土体内没有一个土层质地大类超过 50 cm，就以整体平均质地状况来表示，并优先用 0～50 cm 土壤质地状况来表示。

此外，三普对母质及风化壳类型的划分进行了规范及说明，具体见表 2-2。

表 2－2　母质及风化壳类型与说明

非水稻土类母质		水稻土类母质	
类型	说　　明	类型	说　　明
红砂质	指第三纪红沙岩残坡积物母质的土壤	潮泥	指河流冲积物母质的水稻土
红泥质	指第四纪红色黏土母质的土壤	潮泥砂	指洪积物母质的水稻土
涂砂质	指砂质浅海沉积物母质的土壤	湖泥	指湖相沉积物母质的水稻土
泥砂质	指洪冲积物、冰川沉积物母质的土壤	涂泥	指海相沉积物母质的水稻土
暗泥质	指玄武岩等中/基性岩残坡积物、火山灰（渣）母质的土壤	淡涂泥	指河口相沉积物母质的水稻土
麻砂质	指花岗岩或花岗片麻岩等酸性岩残坡积物母质的土壤	涂砂	指砂质浅海沉积物母质的水稻土
砂泥质	指砂页岩、砂岩、砂砾岩等残坡积物母质的土壤	潮白土	指滨湖相沉积物母质的水稻土
泥质	指片岩、板岩、千枚岩、页岩等泥质岩残坡积物母质的土壤	麻砂泥	指花岗岩或花岗片麻岩等酸性岩残坡积物母质的水稻土
硅质	指砂岩、石英岩等硅质岩残坡积物母质的土壤	砂泥	指砂页岩残坡积物母质的水稻土
灰泥质	指石灰岩、白云岩等碳酸岩类残坡积物母质的土壤	鳝泥	指泥岩、页岩、千枚岩等泥质岩残坡积物母质的水稻土
磷灰质	指磷灰岩残坡积物母质的土壤	灰泥	指石灰岩、大理岩等碳酸岩类残坡积物母质的水稻土
紫土质	指紫色砂页岩残坡积物母质的土壤	黄泥	指山丘坡麓与高阶地古老洪冲积物母质的水稻土
黄土质	指黄土及黄土状堆积物母质的土壤	马肝泥	第四纪更新世黄土母质、富钙黄色黏土母质发育的水稻土
红土质	指第三纪红色黏土母质的土壤	暗泥	指玄武岩等中、基性岩残坡积物母质的水稻土
风沙质	指风积沙母质的土壤	白粉泥	指硅质砂页岩残坡积物母质的水稻土

非水稻土类土壤的连续命名示例为麻砂质棕壤、暗泥质石灰性褐土。以上母质类型名称主要适用于地带性土壤的棕壤、褐土、黑土、灰色森林土、栗钙土、栗褐土土类以及初育土纲红黏土、粗骨土、石质土。

水稻土的连续命名示例为青潮泥田、渗马肝泥田、浅潮泥田、潮泥田、氯化物涂泥田、氯化物涂潮泥田，主要适用范围是人为土纲的水稻土土类。

6. 土种 土种是基层（低级）分类单元，根据土壤剖面构型和发育程度来划分。一般土壤发生层的构型排列反映主导成土作用和次要成土作用的结果，由此决定了该土壤的土类和亚类的分类地位。但在土壤发育程度上，则因成土母质、地形等条件的差异，形成了在土层厚度、腐殖质层厚度、盐渍度、淋溶深度、淀积程度等方面的不一致性。根据这些数量或程度上的差别，划分土种。土种划分依据与指标如下。

《第三次全国土壤普查暂行土壤分类系统（试行）》中土种划分依据与指标如下。

（1）土体厚度。山地土壤根据土体厚度，分为薄层（＜30 cm）、中层（30～60 cm）和厚层（＞60 cm）。

（2）腐殖质层厚度。黑土、草甸土、灰色森林土分为薄层（薄腐，＜30 cm）、中层（中腐，30～60 cm）和厚层（厚腐，＞60 cm），其他山地丘陵土壤则分为薄层（薄腐，＜20 cm）、中层（中腐，20～40 cm）和厚层（厚腐，＞40 cm）。

（3）砾质度。砾质度是指表层 0～20 cm 中＞2 mm 砾石含量（％）。山地土壤按砾质度分为：

轻砾质＜15％，连续命名示例：轻砾薄层麻砂质褐土性土。

重砾质 15％～50％，连续命名示例：重砾薄层麻砂质褐土性土。

粗骨质＞50％，连续命名示例：粗骨质麻砂质褐土性土。

（4）障碍土层的部位。障碍土层指 0～100 cm 土体内出现的对根系穿插、土壤水分运移或耕作等形成阻碍的层次，包括厚度大于

10 cm 的黏磐层、砂姜层、砂砾层、钙积层、潜育层、覆泥层、埋藏层等，厚度大于 2 cm 的铁磐层，厚度大于 5 cm 的钙磐层等。障碍层出现部位可作为相关土壤的土种划分依据。浅位是指障碍层出现在地表向下 50 cm 以内；深位是指障碍层出现在地表向下 50 cm 以下。

（5）表土质地和土体质地构型。土层相对深厚的平原冲积或洪冲积土壤，按 100 cm 土体质地差异划分为均质型、夹层型、身型、底型 4 种构型。

均质型：指 100 cm 土体为同一质地类型或上下层质地类型只相差一个级别，用"均××"表示，如均砂壤质脱潮土。

夹层型：指 30～50 cm 土体处夹有厚度 >20 cm 的另一质地类型，用"××夹××"表示，如壤质夹黏石灰性潮土。

身型：指 30～100 cm 土体不同于其上部土壤质地的另一质地类型，用"××体××"表示，如黏壤质体砂草甸土。

底型：指 60 cm 土体以下为另一质地类型，用"××底××"表示，如黏壤质底砂草甸土。

土壤质地划分为 5 级，即砂质、砂壤质、壤质、黏壤质、黏质。所谓土体质地构型中质地类型差异指上下层质地类型差异相差两个级别以上，如砂质与壤质或更黏、砂壤质与黏壤质或更黏；如果只相差一个级别，则按均质处理，如上下层质地类型分别为砂质和砂壤质，或壤质和黏壤质等。表层质地与下层质地类型的差异与上述规定相同。

（6）盐渍度。此指标主要是各个盐土土类和盐化亚类采用，需测试化验后进行划分。

滨海地区：按 1 m 土体盐分含量划分，轻盐化（1～2 g/kg）、中盐化（2～4 g/kg）、重盐化（4～6 g/kg）、滨海盐土（>6 g/kg）。

半湿润地区：按 0～20 cm 土层的盐分含量划分，以氯化物为主的盐渍土壤，$Cl^- + SO_4^{2-} > CO_3^{2-} + HCO_3^-$，$Cl^- > SO_4^{2-}$，划分为轻盐化（2～4 g/kg）、中盐化（4～6 g/kg）、重盐化（6～10 g/kg）、氯化物盐土（>10 g/kg）；以硫酸盐为主的盐渍土壤，$SO_4^{2-} + Cl^-$

$>CO_3^{2-}+HCO_3^-$、$SO_4^{2-}>Cl^-$，划分为轻盐化（3~5 g/kg）、中盐化（5~7 g/kg）、重盐化（7~12 g/kg）、硫酸盐盐土（>12 g/kg）；以苏打为主的盐渍土壤，$CO_3^{2-}+HCO_3^->Cl^-+SO_4^{2-}$，划分为轻盐化（1~3 g/kg）、中盐化（3~5 g/kg）、重盐化（5~7 g/kg）、苏打盐土（>7 g/kg）。

干旱地区：按 0~30 cm 土层的盐分含量划分，以硫酸盐氯化物为主的盐渍土壤，轻盐化 7~9 g/kg，中盐化 9~13 g/kg，重盐化 13~16 g/kg，硫酸盐氯化物盐土>16 g/kg；以氯化物硫酸盐为主的盐渍土壤，轻盐化 7~10 g/kg，中盐化 10~15 g/kg，重盐化 15~20 g/kg，氯化物硫酸盐盐土>20 g/kg；以苏打为主的盐渍土壤，轻盐化 3.5~5.0 g/kg，中盐化 5.0~6.5 g/kg，重盐化 6.5~8.5 g/kg，苏打盐土>8.5 g/kg。

（7）碱化度。按土壤交换性钠占阳离子交换量的百分比（碱化度）划分不同土种，轻度碱化 5%~10%，中度碱化 10%~15%，强度碱化 15%~20%。碱土又按碱化层的部位划分为：浅位 0~7 cm，中位 7~15 cm，深位 15 cm 以下。

7. 变种 变种是土种范围内的变化，一般以表土层或耕作层的某些差异来划分，如表土层质地、砾石含量等，受土壤耕作影响大。三普不进行变种的调查与命名。

（三）土壤发生分类命名

我国现行的土壤分类系统采用连续命名与分段命名相结合的方法。土纲和亚纲为一段，以土纲名称为基本词根，加形容词前缀构成亚纲名称，亚纲段名称是连续命名，如半干旱温钙层土，含土纲与亚纲名称。

土类和亚类为一段，以土类名称为基本词根，加形容词前缀构成亚类名称，如盐化草甸土，可自成一段单用，但它是连续命名。

土属名称不能自成一段，多与土类、亚类连用，如氯化物滨海盐土、麻砂质淋溶褐土，是典型的连续命名法。

土种不能自成一段，必须与土类、亚类、土属连用，如黏壤质厚层黄土性淋溶褐土。

原土种名称中质地采用卡庆斯基制的，校准时可保留；也可根据相关研究，修改为相对应的国际制质地名称，但在括号内必须标注原质地名称。

不同土类的土种命名顺序如下：

对于山区土壤，土种命名顺序可参考：腐殖质层＋土层＋土属名称，如厚腐薄层灰泥质黑钙土；砾质度＋表层质地＋土层厚度＋质地构型＋土属名称（潮褐土、潮棕壤），如轻砾砂壤中层夹黏潮褐土。

对于冲积性土壤，如潮土、草甸土、冲积土亚类等，表层质地＋层位＋夹层＋亚类名称（土属中出现质地的，土种命名不再重复采用土属名称），例如，土种命名为"壤质夹黏石灰性潮土"，不采用以土属名称为后缀如"壤质夹黏石灰性潮壤土"。

按照以上依据与命名规则，河北省主要土壤类型连续命名参考见表 2-3。

二、中国土壤系统分类

（一）概述

在美国《土壤系统分类》的影响下，由中国科学院南京土壤研究所牵头，全国有关土壤研究机构和高等院校的土壤分类学家参加的"中国土壤系统分类研究"课题组，从 20 世纪 80 年代中期开始着手新的《中国土壤系统分类》研究。在吸收国内外土壤分类研究经验和中国土壤分类与土壤调查成果的基础上，不断修改补充，相继于 1985 年完成《中国土壤系统分类初拟》，1991年完成《中国土壤系统分类》（首次方案），1995 年完成《中国土壤系统分类》（修订方案），2001 年完成《中国土壤系统分类检索》（第三版）。

（二）土壤系统分类的原则

（1）以诊断层和诊断特性为基础。将土壤属性特征定量化，以诊断层和诊断特性为分类基础。

表2-3 河北省主要土壤类型命名参考表（连续命名）

序号	土类	亚类	土属	土种
1	棕壤	典型棕壤	母质类型：麻砂质、暗泥质、硅质、灰泥质、黄土质、泥砂质	典型棕壤与棕壤性土：采用砾质度＋腐殖质厚度＋土体厚度命名，如轻砾质中腐厚层麻砂质棕壤，薄腐中层灰泥质棕壤
		棕壤性土		
		潮棕壤		泥砂质棕壤或潮棕壤：采用质地（即表土质地，下同）＋土体构型命名，如壤质体砂泥砂质潮棕壤、轻砾质壤质体砂泥砂质潮棕壤
2	褐土	典型褐土	母质类型：麻砂质、暗泥质、硅质、灰泥质、黄土质、泥砂质、复钙	典型褐土、淋溶褐土、石灰性褐土与褐土性土：采用砾质度＋腐殖质厚度＋土体厚度命名，如轻砾质薄腐中层硅质褐土，砂石灰性褐土
		淋溶褐土		
		石灰性褐土		
		潮褐土		泥砂质褐土、黄土质褐土、潮褐土地＋土体构型命名，如壤质底泥砂质潮褐土，轻砾质壤泥砂质黄土质褐土
		褐土性土		
3	灰色森林土	灰色森林土	母质类型：麻砂质、暗泥质、硅质、风沙质	采用砾质度＋腐殖质层厚度＋土体厚度命名，如轻砾质中腐层暗泥质灰色森林土，厚腐层泥沙风沙灰色森林土
4	黑土	典型黑土	暗泥质黑土	采用砾质度＋腐殖质层厚度＋腐殖层泥沙黑土，厚腐层泥沙泥黑土

（续）

序号	土类	亚类	土属	土种
5	沼泽土	典型沼泽土 草甸沼泽土 盐化沼泽土	沿用亚类名	典型沼泽土、草甸沼泽土：采用表土质地命名，如黏壤质沼泽土、砂质沼泽土；盐化沼泽土：表土质地＋盐渍度，如黏壤质轻度盐化沼泽土
		泥炭沼泽土	沿用亚类名	采用泥炭层层厚度命名，如厚层泥炭沼泽土
6	潮土	典型潮土	质地（＋石灰性）：如潮砂土、潮壤土、潮黏土、石灰性潮黏土	采用表土质地＋土体构型命名，如均砂质潮土、砂壤质潮土、黏壤质底黏潮土、壤质底黏潮土、均壤质脱潮土、均黏质石灰性脱潮土
		湿潮土 脱潮土	质地（＋石灰性）：如湿潮壤土、石灰性脱潮黏土	
		盐化潮土	盐分类型：如苏打盐化潮土、氯化物盐化潮土、硫酸盐盐化潮土	采用表土质地＋土体构型＋盐渍度命名，如砂壤质轻度苏打盐化潮土、砂壤质轻度氯化物盐化潮土
		碱化潮土	质地：如碱潮壤土、碱潮黏土	采用表土质地＋碱化度命名，如砂壤质轻度碱化潮土、壤壤质中度碱化潮土
7	草甸土	典型草甸土 石灰性草甸土 潜育草甸土	质地：草甸砂土、石灰性草甸壤土、潜育草甸黏土	采用表土质地＋土体构型命名，如均砂质草甸土、均壤质潜育草甸土
		盐化草甸土	盐分类型：如苏打盐化草甸土、盐盐化草甸土、氯化物盐化草甸土	采用表土质地＋盐渍度命名，如黏壤质轻度苏打盐化草甸土、黏壤质轻度氯化物盐化草甸土、粉壤质轻度硫酸盐化草甸土

（续）

序号	土类	亚类	土属	土种
8	山地草甸土	典型山地草甸土	质地：山地草甸砂土	采用表土质地＋腐殖质层厚度＋土体厚度命名，如砂壤质厚腐中层山地草甸土，砂壤质厚腐厚层山地草甸土
9	新积土	冲积土	质地：冲积砂土、冲积砾质、冲积壤土	采用砾质＋表土质地命名，如砂质冲积新积土，重砾质砂质冲积新积土，轻砾质黏壤质冲积新积土
10	风沙土	草原风沙土 草甸风沙土	风砂质流动性：草原半固定风沙土、草甸流动风沙土	采用表土质地命名，如砂质半固定草原风沙土，砂壤质流动草甸风沙土，砂壤质固定草甸风沙土
11	石质土	酸性石质土 中性石质土 钙质石质土	母质类型：麻砂质、泥质、灰泥质，如麻砂质酸性石质土、中性石质土，灰泥质钙质石质土	与土属名相同，如麻砂质酸性石质土，灰泥质钙质石质石质土
12	粗骨土	酸性粗骨土 中性粗骨土 钙质粗骨土	母质类型：麻砂质、灰泥质、泥质，如麻砂质酸性粗骨土	与土属名相同，如麻砂质酸性粗骨土，灰泥质钙质粗骨土
13	灌淤土	典型灌淤土 潮灌淤土 盐化灌淤土	质地：如灌壤土、灌淤黏土、潮灌壤土、潮灌淤黏土；盐分型：苏打盐化灌淤土、硫酸盐氯化物盐化灌淤土	采用表土质地命名，如砂壤质潮灌淤土，黏质灌淤土；采用表土质地＋盐渍度命名，如壤质轻度苏打盐化灌淤土，黏壤质轻度硫酸盐盐化灌淤土

（续）

序号	土 类	亚 类	土 属	土 种
14	水稻土	淹育水稻土	浅潮泥田	采用表土质地+土体构型命名，如均质砂壤质浅潮泥田、黏壤质砂体浅潮泥田、均质黏壤质潮泥田、黏壤质底砂青潮泥田
		潴育水稻土	潮泥田	
		潜育水稻土	青潮泥田	
		盐渍水稻土	盐分类型：氯化物涂泥田、氯化物涂泥田	采用表土质地+土体构型+盐渍度命名，如均质黏质氯化物涂泥田、壤质体砂中度氯化物涂泥田
15	草甸盐土	典型草甸盐土	盐分类型：如硫酸盐草甸盐土、氯化物草甸盐土、苏打碱化盐土	采用表土质地命名，如砂壤质硫酸盐草甸盐土、黏壤质氯化物草甸盐土、均质黏质氯化物草甸盐土
		碱化盐土	碱化盐土	
16	滨海盐土	典型滨海盐土	质地：如滨海砂盐土、滨海泥盐土	采用表土质地+土体构型命名，如均质砂质滨海盐土、壤质底砂质滨海盐土、均质黏质滨海潮滩盐土
		滨海潮滩盐土	质地：涂砂盐土、涂泥盐土	
17	碱土	草甸碱土	盐分类型：氯化物草甸碱土	采用表土质地+碱化层部位命名，如黏壤质深位氯化物草甸碱土
		盐化碱土	盐分类型：氯化物盐化碱土	采用表土质地+碱化层部位命名，如壤质深位氯化物盐化碱土
18	红黏土	典型红黏土	典型红黏土	老红黏土

（续）

序号	土类	亚类	土属	土种
19	砂姜黑土	典型砂姜黑土	颜色：黄姜土、黑姜土	采用表土质地＋特殊土层部位命名，如壤质深位黄砂姜黑土、黏质深位黑姜砂姜黑土
		石灰性砂姜黑土	颜色：灰黑土	采用表土质地＋盐渍度命名，如壤质中度硫酸盐盐化砂姜黑土、壤质中度氯化物盐化砂姜黑土
		盐化砂姜黑土	盐分类型：硫酸盐盐化砂姜、氯化物盐化砂姜黑土	
20	栗钙土	暗栗钙土	母质类型：麻砂质、黄土质、灰泥质、暗泥质、硅质、泥砂质	非泥砂类暗栗钙土、栗钙土及栗钙土性土，采用腐殖质层厚度＋土体厚度命名，如砂质暗腐殖质厚层薄砂深位钙积栗钙土、重砾质层薄位硅质薄腐厚层栗钙土
		典型栗钙土		泥砂类栗钙土或草甸栗钙土，采用砾质度＋障碍土层部位命名，如轻砾质浅位钙积砂积钙积草甸栗钙土、均砾质薄腐厚层灰泥质栗钙土
		草甸栗钙土		
		栗钙土性土		
		盐化栗钙土	盐分类型：苏打盐化栗钙土、氯化物盐化栗钙土、硫酸盐盐化栗钙土	采用表土质地＋土体构型（障碍土层部位（钙积层）＋盐渍度命名，如壤质夹黏轻度硫酸盐盐化栗钙土、均黏质深位钙积重度碱化栗钙土
		碱化栗钙土	碱化度命名	
21	栗褐土	典型栗褐土	母质类型：麻砂质、暗泥质、硅质、灰泥质、黄土质、泥砂质	采用砾质度＋表土质地、腐殖质层厚度＋土体厚度命名，如暗泥类暗腐殖中层泥质暗栗褐土、中薄厚层灰泥质砂泥质灰泥质栗褐土。采用土质类＋表土质地＋土体厚度命名，如轻砾质薄腐殖体薄腐砂质暗栗褐土、中厚层黄质土质硅质栗褐土。泥砂类、黄土质，如轻砾质薄腐砂壤质栗褐土、轻砾质砂壤质栗褐土

（2）以发生学理论为指导。土壤历史发生和形态发生都很重要，土壤发生学理论对于土壤形成发育和系统分类的指导作用仍然十分重要。

（3）面向世界与国际接轨。尽可能采用国际上已经成熟的诊断层和诊断特性，依据相同的原则和方法划分土纲、亚纲等分类层级，与国际接轨，提高分类体系的可比性。

（4）充分注意土壤特色。我国地域辽阔，土壤类型众多，加之农业历史悠久，人类活动对土壤影响很多，在进行系统分类时充分考虑我国土壤特色。

（三）系统分类主要诊断层和诊断特性

《中国土壤系统分类检索》（第三版）是一个主要参照美国土壤系统分类的原则、方法和某些概念，吸收西欧、苏联土壤分类中的某些概念和经验，针对中国土壤而设计的，以土壤本身性质为分类标准的定量化分类系统，属于诊断分类体系。

《中国土壤系统分类检索》（第三版）拟订了 11 个诊断表层，归纳为四大类，分别是有机物质表层类、腐殖质表层类、人为表层类和结皮表层类，即暗沃表层、暗瘠表层、淡薄表层、有机表层、草毡表层、灌淤表层、堆垫表层、肥熟表层、水耕表层、干旱表层、盐结壳；20 个诊断表下层，即漂白层、舌状层、雏形层、铁铝层、低活性富铁层、聚铁网纹层、灰化淀积层、耕作淀积层、水耕氧化还原层、黏化层、黏磐、碱积层、超盐积层、盐磐、石膏层、超石膏层、钙积层、超钙积层、钙磐、磷磐；2 个其他诊断层，即盐积层、含硫层；25 个诊断特性，即有机土壤物质、岩性特征、石质接触面、准石质接触面、人为淤积物质、变性特征、人为扰动层次、土壤水分状况、潜育特征、氧化还原特征、土壤温度状况、永冻层次、冻融特征、n 值（指田间条件下含水量与无机颗粒和有机质含量之间的关系。临界 n 值为 0.7。在野外可参考 ST 制所建议的方法进行估测，即用手抓挤土壤，若土壤在指间流动困难，则 n 值为 0.7～1.0；若在指间很易流动，则 n 值 $\geqslant 1.0$）、均腐殖质特性、腐殖质特性、火山灰特性、铁质特性、富铝特性、铝质特性、富磷特性、钠质特性、石灰性、盐基饱和度、硫化物。就诊断层而言，36.4%为直接引用美国系统分类，27.2%属于引进概念加以修订补充，而36.4%是新提出的。在诊断特性中，则分别为31.0%、32.8%和36.2%。

（四）中国土壤系统分类检索简表

1. 土纲检索简表 《中国土壤系统分类检索》（第三版）高级分类级别包括土纲、亚纲、土类、亚类。土纲根据主要成土过程产生的或影响主要成土过程的性质（诊断层或诊断特性）划分，亚纲主要根据影响现代成土过程的控制因素所反映的性质（水分、温度状况和岩性特征）划分，土类类别多根据反映主要成土过程强度或次要成土过程、次要控制因素的表现性质划分，亚类主要根据是否偏离中心概念、是否有附加过程的特性和母质残留的特性划分，除普通亚类外，还有附加过程的亚类。这个分类系统采取了美国土壤系统分类的检索方法。第一步根据诊断层和诊断特性检索其土纲的归属（表2-4），然后往下依次检索亚纲、土类和亚类，可参考中国土壤系统分类高级分类表（表2-5）。

表2-4 中国土壤系统分类中14个土纲检索简表

诊断层和/或诊断属性	土 纲
1. 土壤中有机土壤物质总厚度≥40 cm，若容重<0.1 mg/m³，则≥60 cm，且其上界在土表至40 cm范围内	有机土
2. 其他土壤中有水耕表层和水耕氧化还原层；或肥熟表层或磷质耕作淀积层；或灌淤表层；或堆垫表层	人为土
3. 其他土壤在土表下100 cm范围内有灰化淀积层	灰土
4. 其他土壤在土表至60 cm或更浅的石质接触面范围内60%或更厚的土层具有火山灰特性	火山灰土
5. 其他土壤中有上界在土表至150 cm范围内的铁铝层	铁铝土
6. 其他土壤在土表至50 cm范围内黏粒≥30%，且无石质或准石质接触面，土壤干燥时有宽度>0.5 cm的裂隙，以及土表至100 cm范围内有滑擦面或自吞特征	变性土

（续）

诊断层和/或诊断属性	土 纲
7. 其他土壤有干旱表层和上界在土表至 100 cm 范围内的下列任一诊断层：盐积层、超盐积层、盐磐、石膏层、超石膏层、钙积层、超钙积层、钙磐、黏化层或雏形层	干旱土
8. 其他土壤在土表至 30 cm 范围内有盐积层，或土表至 75 cm 范围内有碱积层	盐成土
9. 其他土壤在土表至 50 cm 范围内有一厚度≥10 cm 土层有潜育特征	潜育土
10. 其他土壤中有暗沃表层和均腐质特性，且矿质土表下至 180 cm 或至更浅的石质或准石质接触面范围内盐基饱和度≥50%	均腐土
11. 其他土壤中有上界在土表至 125 cm 范围内有低活性富铁层，且无冲积物岩性特征	富铁土
12. 其他土壤中有上界在土表至 125 cm 范围内有黏化层或黏磐	淋溶土
13. 其他土壤中有雏形层；或矿质土表至 100 cm 范围内有如下任一诊断层：漂白层、钙积层、超钙积层、钙磐、石膏层、超石膏层；或矿质土表下 20～50 cm 范围内有一土层（≥10 cm）的 n 值<0.7；或黏粒含量<80 g/kg，并有机表层；或暗沃表层；或暗瘠表层；或有永冻层和矿质土表至 50 cm 范围内有滞水土壤水分状况	雏形土
14. 其他土壤仅有淡薄表层，且无鉴别上述土纲所要求的诊断层或诊断特性	新成土

资料来源：黄昌勇《土壤学（第三版）》，2010。

2. 中国土壤系统分类高级分类表 中国土壤系统分类高级分类见表 2-5。

表 2-5 中国土壤系统分类高级分类表

土 纲	亚 纲	土 类
有机土	永冻有机土	落叶永冻有机土、纤维永冻有机土、半腐永冻有机土
	正常有机土	落叶正常有机土、纤维正常有机土、半腐正常有机土、高腐正常有机土

（续）

土　纲	亚　纲	土　类
人为土	水耕人为土	潜育水耕人为土、铁渗水耕人为土、铁聚水耕人为土、简育水耕人为土
	旱耕人为土	肥熟旱耕人为土、灌淤旱耕人为土、泥垫旱耕人为土、土垫旱耕人为土
灰土	腐殖灰土	简育腐殖灰土
	正常灰土	简育正常灰土
火山灰土	寒冻火山灰土	简育寒冻火山灰土
	玻璃火山灰土	干润玻璃火山灰土、湿润玻璃火山灰土
	湿润火山灰土	腐殖湿润火山灰土、湿润火山灰土
铁铝土	湿润铁铝土	暗红湿润铁铝土、黄色湿润铁铝土、简育湿润铁铝土
变性土	潮湿变性土	钙积潮湿变性土、简育潮湿变性土
	干润变性土	钙积干润变性土、简育干润变性土
	湿润变性土	腐殖湿润变性土、钙积湿润变性土、简育湿润变性土
干旱土	寒性干旱土	钙积寒性干旱土、石膏寒性干旱土、黏化寒性干旱土、简育寒性干旱土
	正常干旱土	钙积正常干旱土、石膏正常干旱土、盐积正常干旱土、黏化正常干旱土、简育正常干旱土
盐成土	碱积盐成土	龟裂碱积盐成土、潮湿碱积盐成土、简育碱积盐成土
	正常盐成土	干旱正常盐成土、潮湿正常盐成土
潜育土	永冻潜育土	有机永冻潜育土、简育永冻潜育土
	滞水潜育土	有机滞水潜育土、简育滞水潜育土
	正常潜育土	有机正常潜育土、暗沃正常潜育土、简育正常潜育土
均腐土	岩性均腐土	富磷岩性均腐土、黑色岩性均腐土
	干润均腐土	寒性干润均腐土、堆垫干润均腐土、暗厚干润均腐土、钙积干润均腐土、简育干润均腐土
	湿润均腐土	滞水湿润均腐土、黏化湿润均腐土、简育湿润均腐土

（续）

土 纲	亚 纲	土 类
富铁土	干润富铁土	黏化干润富铁土、简育干润富铁土
	常湿富铁土	钙质常湿富铁土、富铝常湿富铁土、简育常湿富铁土
	湿润富铁土	钙质湿润富铁土、强育湿润富铁土、富铝湿润富铁土、黏化湿润富铁土、简育湿润富铁土
淋溶土	冷凉淋溶土	漂白冷凉淋溶土、暗沃冷凉淋溶土、简育冷凉淋溶土
	干润林溶土	钙质干润淋溶土、钙积干润淋溶土、铁质干润淋溶土、简育干润淋溶土
	常湿淋溶土	钙质常湿淋溶土、铝质常湿淋溶土、铁质常湿淋溶土
	湿润淋溶土	漂白湿润淋溶土、钙质湿润淋溶土、黏磐湿润淋溶土、铝质湿润淋溶土、酸性湿润淋溶土、铁质湿润淋溶土、简育湿润淋溶土
雏形土	寒冻雏形土	永冻寒冻雏形土、潮湿寒冻雏形土、草毡寒冻雏形土、暗沃寒冻雏形土、暗瘠寒冻雏形土、简育寒冻雏形土
	潮湿雏形土	叶垫潮湿雏形土、砂姜潮湿雏形土、暗色潮湿雏形土、淡色潮湿雏形土
	干润雏形土	灌淤干润雏形土、铁质干润雏形土、底锈干润雏形土、暗沃干润雏形土、简育干润雏形土
	常湿雏形土	冷凉常湿雏形土、滞水常湿雏形土、钙质常湿雏形土、铝质常湿雏形土、酸性常湿雏形土、简育常湿雏形土
	湿润雏形土	冷凉湿润雏形土、钙质湿润雏形土、紫色湿润雏形土、铝质湿润雏形土、铁质湿润雏形土、酸性湿润雏形土、斑纹湿润雏形土、简育湿润雏形土

（续）

土 纲	亚 纲	土 类
新成土	人为新成土	扰动人为新成土、淤积人为新成土
	砂质新成土	寒冻砂质新成土、潮湿砂质新成土、干旱砂质新成土、干润砂质新成土、湿润砂质新成土
	冲积新成土	寒冻冲积新成土、潮湿冲积新成土、干旱冲积新成土、干润冲积新成土、湿润冲积新成土
	正常新成土	黄土正常新成土、紫色正常新成土、红色正常新成土、寒冻正常新成土、干旱正常新成土、干湿正常新成土、湿润正常新成土

资料来源：《中国土壤系统分类检索表（第三版）》，2001。

（五）土壤系统分类及其依据

1. 土纲 土纲为最高土壤分类级别，根据主要成土过程产生的性质或影响主要成土过程的性质划分。根据主要成土过程产生的性质划分的有：有机土（根据泥炭化过程产生的有机土壤物质特性划分）、人为土（根据水耕等人为过程产生的性质，如灌淤表层、堆垫表层、肥熟表层、水耕表层、耕作淀积层和水耕氧化还原层划分）、盐成土（根据盐渍过程产生的盐积层和碱积层划分）、均腐土（根据腐殖化过程所产生的暗沃表层、均腐殖质特性和高盐基饱和度划分）、铁铝土（根据高度富铁铝化过程产生的铁铝层划分）、淋溶土（根据黏化过程产生的黏化层划分）、潜育土（根据潜育化过程产生的潜育特征划分）。

由此可见，我国土纲划分的总原则与美国等国家的土壤系统分类基本上是一致的，都是根据成土过程或影响成土过程的性质，即诊断层或诊断特性确定类别。我国土壤类型多样，与美国土壤特征及分布有较大不同，为了建立我国新的诊断土壤分类系统，正确反映我国各种土壤类型，在借鉴国外经验、吸收国内成果的同时，对部分土纲类别的建立和鉴别性质做了一些改变和修订。

我国共设 14 个土纲，其中人为土、潜育土和盐成土是不同于美国土壤系统分类的。人为土是在耕作、施肥、灌溉等人为活动条件下，通过水耕或旱耕人为过程，使原有土壤过程加速或阻缓甚至逆转，形成有别于原有土壤特性的新的性质。如水耕表层、水耕氧化还原层、灌淤表层、堆垫表层、肥熟表层和耕作淀积层。人为土纲根据这些性质进行鉴别。

少数土纲鉴别性质重新做了修订。均腐土指有暗沃表层、均腐殖质特性和全剖面盐基饱和度≥50％的草原或森林草原土壤。为了体现与软土的差别，在均腐土的鉴别特性中增加一条均腐殖质特性，均腐殖质特性是草原和森林草原土壤腐殖化过程的产物。由于在此条件下，土壤有机质主要以根系形式进入土壤，腐殖质含量向下延伸较深，含量逐渐减少，这与以凋落物形式进入土壤，含量从表层向下突然降低明显不同，故特称均腐殖质特性。其鉴别指标为：土表至 20 cm 与土表至 100 cm 的腐殖质贮量比（Rh）≤0.4，土表无厚度≥5 cm、C/N≥17 的有机现象亚层。

2. 亚纲 亚纲是土纲的辅助级别，主要根据影响现代成土过程的控制因素所反映的性质（如水分状况、温度状况和岩性特征）划分。按水分状况划分的亚纲有：人为土纲中的水耕人为土和旱耕人为土，变性土纲中的潮湿变性土、干润变性土和湿润变性土，潜育土纲中的滞水潜育土和正常（地下水）潜育土，均腐土纲中的干润均腐土和湿润均腐土，淋溶土纲中的干润淋溶土和湿润淋溶土，雏形土纲中的潮湿雏形土、干润雏形土、湿润雏形土和常湿雏形土。按温度状况划分的亚纲有：干旱土纲中的寒性干旱土和正常（温暖）干旱土，有机土纲中的永冻有机土和正常有机土，淋溶土纲中的冷凉淋溶土和雏形土纲中的寒冻雏形土。按岩性特征划分的亚纲有：火山灰土纲中的玻璃质火山灰土，均腐土纲中的岩性均腐土和新成土纲中的砂质新成土、冲积新成土和正常新成土。此外，个别土纲由于影响现代成土过程的控制因素差异不大，所以直接按主要成土过程发生阶段所表现的性质划分，如灰土土纲中的腐殖灰土和正常灰土，盐成土纲中的碱积盐成土和正常（盐积）盐成土。

3. 土类 土类是亚纲的续分。土类类别多根据反映主要成土过程强度或次要成土过程、次要控制因素的表现性质划分。根据主要过程强度的表现性质划分的有：正常有机土中反映泥炭化过程强度的高腐正常有机土、半腐正常有机土、纤维正常有机土土类；根据次要成土过程的表现性质划分的有：正常干旱土中反映钙化、石膏化、盐化、黏化、土内风化等次要过程的钙积正常干旱土、石膏正常干旱土、盐积正常干旱土、黏化正常干旱土和简育正常干旱土等土类；根据次要控制因素的表现性质划分的有：反映母质岩性特征的钙质干润淋溶土、钙质湿润雏形土、富磷岩性均腐土等，反映气候控制因素的寒冻冲积新成土、干旱冲积新成土、干润冲积新成土和湿润冲积新成土等。

4. 亚类　亚类是土类的辅助级别，主要根据是否偏离中心概念，是否具有附加过程的特性和是否具有母质残留的特性划分。代表中心概念的亚类为普通亚类；具有附加过程特性的亚类为过渡性亚类，如漂白、黏化、潜育、斑纹、耕淀、堆垫、肥熟等；具有母质残留特性的亚类为继承亚类，如石灰性、酸性、含硫等。

5. 土族　土族是土壤系统分类的基层分类单元。它是在亚类范围内，主要反映与土壤利用管理有关的土壤理化性质发生明显分异的续分单元。同一亚类的土族划分是地域性（或地区性）成土因素引起土壤性质在不同地理区域的具体体现。不同类别的土壤划分土族所依据的指标各异。供土族分类选用的主要指标是剖面控制层段的土壤颗粒大小级别、不同颗粒级别的土壤矿物组成类型、土壤温度状况、土壤酸碱性、盐碱特性、污染特性以及人为活动赋予的其他特性等。

6. 土系　土系是中国土壤系统分类最低级别的基层分类单元，它是由自然界中形态特征相似的单个土体组成的聚合土体所构成，是直接建立在实体基础上的分类单元。其性状的变异范围较窄，在分类上更具直观性。同一土系的土壤成土母质、所处地形部位及水热状况均相似。在一定垂直深度内，土壤特征土层的种类、形态、排列层序和层位，以及土壤生产利用的适宜性能大体一致。如由冲积母质发育的雏形土或新成土，由于所处地形距河流远近以及受水流大小的影响，其单个土体中不同性状沉积物的质地特征土层的层位高低和厚薄不一，同样按土系分类依据的标准，分别划分出相应的土系。

（六）土壤系统分类命名

土壤系统分类命名采用分段连续命名，即土纲、亚纲、土类、亚类为一段。在此基础上加颗粒大小级别、矿物组成、土壤温度状况等，构成土族名称，而其下的土系则另列一段，单独命名。

高级分类单元以土纲名称为基础，其前叠加反映亚纲、土类和亚类性质的术语，以分别构成亚纲、土类和亚类的名称。性质的术语尽量限制为 2 个汉字，这样土纲名称一般为 3 个汉字，亚纲为 5 个汉字，土类为 7 个汉字，亚类为 9 个汉字。个别类别由于性质术语超过 2 个汉字或采用复合名称时可略高于上述数字。各级类别名称一律选用反映诊断层或诊断特性的名称，部分选用有发生意义的性质名称或诊断现象名称。如土纲名称，均为世界上常用的名称，其中有机土、灰土、火山灰土、变性土、干旱土、新成土均直接引自美国土壤系统分类；铁铝土、淋溶土、雏形土、潜育土和人为土是参照联合国世界土壤图图例单元而来；均腐土取自法国土壤分类的名称；盐土和碱土合称为盐成土，人为土和富铁土是我国提出来的。命名中亚纲、土类和亚类一级中有代表性的类型，分别称为正常、简育和普通以资区别。所谓"简育"指构成这一土类应具备的最起码的诊断层和诊断特性，而无其他附加过程的意思。

土族命名采用土壤亚类名称前冠以土族主要分异特性连续命名，例如，石灰淡色潮湿雏形土（亚类），其土族可分别命名为蒙脱温性黏质石灰淡色潮湿雏形土、蒙脱混合型温性黏质石灰淡色潮湿雏形土、水云母型温性壤质石灰淡色潮湿雏形土等。

土系命名可选用该土系代表性剖面（单个土体）点位或首次描述该土系所在地的标准地名直接定名，或以地名加上地形部位定名，如红松洼腰系、后保安系、御道口顶系、御道口腰系、二盆系、热水汤脚系等。

三、河北省土壤发生分类与系统分类参比

土壤发生分类体系中，不同土壤亚类有各自明确的发生层特征，再结合土壤系统分类中亚纲对水分状况的区分，可以将土壤发生分类与系统分类参比一一对应，在野外土壤剖面命名实践中可以参考。河北省土壤发生分类与系统分类参比见表2-6。

表2-6 河北省土壤发生分类与系统分类参比表

序号	发生分类		系统分类			
	土类	亚类	土纲	亚纲	土类	亚类
1	棕壤	典型棕壤	淋溶土	湿润淋溶土	简育湿润淋溶土	普通简育湿润淋溶土
		潮棕壤	淋溶土	湿润淋溶土	简育湿润淋溶土	斑纹简育湿润淋溶土
		棕壤性土	雏形土	湿润雏形土	简育湿润雏形土	普通简育湿润雏形土
2	褐土	典型褐土	淋溶土	干润淋溶土	简育干润淋溶土	普通简育干润淋溶土
		淋溶褐土	淋溶土	干润淋溶土	简育干润淋溶土	普通简育干润淋溶土
		石灰性褐土	淋溶土	干润淋溶土	钙质干润淋溶土	普通钙质干润淋溶土
		潮褐土	淋溶土	干润淋溶土	简育干润淋溶土	斑纹简育干润雏形土
		褐土性土	雏形土	干润雏形土	简育干润雏形土	普通简育干润雏形土
3	灰色森林土	典型灰色森林土	均腐土	干润均腐土	暗厚干润均腐土	普通暗厚干润均腐土
4	黑土	黑土	均腐土	干润均腐土	暗厚干润均腐土	普通暗厚干润均腐土
5	沼泽土	典型沼泽土	潜育土	正常潜育土	暗沃正常潜育土	普通暗沃正常潜育土
		草甸沼泽土	潜育土	滞水潜育土	有机滞水潜育土	纤维有机滞水潜育土
		盐化沼泽土	潜育土	正常潜育土	暗沃正常潜育土	弱盐暗沃正常潜育土
		泥炭沼泽土	潜育土	正常潜育土	有机正常潜育土	高腐有机正常潜育土
6	潮土	典型潮土	雏形土	潮湿雏形土	淡色潮湿雏形土	普通淡色潮湿雏形土
		湿潮土	雏形土	湿润雏形土	简育湿润雏形土	斑纹简育湿润雏形土
		脱潮土	雏形土	干润雏形土	底锈干润雏形土	普通底锈干润雏形土
		盐化潮土	雏形土	潮湿雏形土	淡色潮湿雏形土	弱盐淡色潮湿雏形土
		碱化潮土	雏形土	干润雏形土	底锈干润雏形土	弱碱底锈干润雏形土
				湿润雏形土	简育湿润雏形土	斑纹简育湿润雏形土

（续）

序号	发生分类		系统分类			
	土类	亚类	土纲	亚纲	土类	亚类
7	草甸土	典型草甸土	雏形土	潮湿雏形土	暗色潮湿雏形土	普通暗色潮湿雏形土
		石灰性草甸土	雏形土	潮湿雏形土	淡色潮湿雏形土	淡色潮湿干润雏形土
		潜育草甸土	雏形土	湿润雏形土	简育湿润雏形土	斑纹简育湿润雏形土
		盐化草甸土	雏形土	潮湿雏形土	淡色潮湿雏形土	弱盐淡色潮湿雏形土
8	山地草甸土	典型山地草甸土	雏形土	潮湿雏形土	暗色潮湿雏形土	普通暗色潮湿雏形土
9	新积土	冲积土	新成土	冲积新成土	潮湿冲积新成土	普通潮湿冲积新成土
10	风沙土	草原风沙土	新成土	砂质新成土	干润砂质新成土	普通干润砂质新成土
		草甸风沙土	新成土	砂质新成土	潮湿砂质新成土	普通潮湿砂质新成土
11	石质土	酸性石质土	新成土	正常新成土	干润正常新成土	石质干润正常新成土
		中性石质土	新成土	正常新成土	干润正常新成土	石质干润正常新成土
					红色正常新成土	饱和红色正常新成土
		钙质石质土	新成土	正常新成土	干润正常新成土	钙质干润正常新成土
12	粗骨土	酸性粗骨土	新成土	正常新成土	干润正常新成土	石质干润正常新成土
		中性粗骨土	新成土	正常新成土	干润正常新成土	石质干润正常新成土
		钙质粗骨土	新成土	正常新成土	干润正常新成土	钙质干润正常新成土
13	灌淤土	典型灌淤土	人为土	旱耕人为土	灌淤旱耕人为土	肥熟灌淤旱耕人为土
		潮灌淤土	人为土	旱耕人为土	灌淤旱耕人为土	斑纹灌淤旱耕人为土
		盐化灌淤土	人为土	旱耕人为土	灌淤旱耕人为土	弱盐灌淤旱耕人为土
14	水稻土	淹育水稻土	人为土	水耕人为土	简育水耕人为土	普通简育水耕人为土
		潴育水稻土	人为土	水耕人为土	铁聚水耕人为土	普通铁聚水耕人为土
		潜育水稻土	人为土	水耕人为土	潜育水耕人为土	普通潜育水耕人为土
		盐渍水稻土	人为土	水耕人为土	简育水耕人为土	弱盐潜育水耕人为土
15	草甸盐土	典型草甸盐土	盐成土	正常盐成土	潮湿正常盐成土	普通潮湿正常盐成土
		碱化盐土	盐成土	正常盐成土	潮湿正常盐成土	弱碱潮湿正常盐成土
16	滨海盐土	典型滨海盐土	盐成土	正常盐成土	潮湿正常盐成土	海积潮湿正常盐成土
		滨海潮滩盐土	盐成土	正常盐成土	潮湿正常盐成土	海积潮湿正常盐成土

（续）

序号	发生分类		系统分类			
	土类	亚类	土纲	亚纲	土类	亚类
17	碱土	草甸碱土	盐成土	碱积盐成土	简育碱积盐成土	普通简育碱积盐成土
		盐化碱土	盐成土	碱积盐成土	潮湿碱积盐成土	弱盐潮湿碱积盐成土
18	红黏土	典型红黏土	淋溶土	干润淋溶土	铁质干润淋溶土	普通铁质干润淋溶土
19	砂姜黑土	典型砂姜黑土	变性土	潮湿变性土	钙积潮湿变性土	普通钙积潮湿变性土
		石灰性砂姜黑土	变性土	潮湿变性土	钙积潮湿变性土	砂姜钙积潮湿变性土
		盐化砂姜黑土	雏形土	潮湿雏形土	砂姜潮湿雏形土	弱盐砂姜潮湿雏形土
20	栗钙土	暗栗钙土	均腐土	干润均腐土	暗厚干润均腐土	钙积暗厚干润均腐土
		典型栗钙土	均腐土	干润均腐土	钙积干润均腐土	普通钙积干润均腐土
		草甸栗钙土	均腐土	干润均腐土	钙积干润均腐土	斑纹钙积干润均腐土
		盐化栗钙土	雏形土	干润雏形土	底锈干润雏形土	弱盐底锈干润雏形土
		碱化栗钙土	雏形土	干润雏形土	底锈干润雏形土	弱碱底锈干润雏形土
		栗钙土性土	雏形土	干润雏形土	简育干润雏形土	普通简育干润雏形土
21	栗褐土	典型栗褐土	雏形土	干润雏形土	简育干润雏形土	普通简育干润雏形土

第三章

河北省主要土壤类型与分布

河北省地处我国华北平原，属于温带大陆性季风气候，四季分明；地势西北高、东南低，地貌类型多样。由此发育形成的土壤也多种多样。河北省土壤主要包括淋溶土纲、半淋溶土纲、水成土纲等 8 个土纲 21 个土类 57 个亚类。本章详细介绍 21 个土类的分布区域、成土条件、成土过程、剖面特征、理化性状、主要亚类及改良利用，为河北省三普土壤类型的鉴别提供参考依据。

第一节　淋溶土和半淋溶土

河北省的淋溶土纲仅有棕壤，半淋溶土纲包括褐土、黑土和灰色森林土。

一、棕壤

棕壤是河北省最主要的山地土壤，总面积 230.85×10^4 hm^2，占全省土壤面积的 14.02%，主要分布于 600 m 以上（燕山）、1 000 m 以上（太行山）的中山低山和冀东滨海低山丘陵区。其分布上限与山地草甸土相接，分布下限与淋溶褐土相连。

（一）成土条件

（1）气候。河北省棕壤分布区气候温湿，燕山、太行山山地棕壤为中温，半湿润或较湿润，冀东滨海棕壤区为暖温较湿润。年均温 7～11 ℃，年均降水量 670～790 mm，≥10 ℃积温 3 000～4 000 ℃，无霜期 140～180 d，干燥度＜1.4。

（2）母质。河北省棕壤的母质类型主要是酸性岩类、硅质碳酸盐岩类，部分为砂砾、泥质岩类的残坡积、洪积物，黄土堆积物上发育的棕壤很少（围场一带）。此外，还有中生代次火山岩风化物、基性岩类残坡积物，但面积较小。棕壤偏微酸，无石灰反应，石灰含量极微，盐基饱和度不高，除淋溶作用外，以酸性硅铝酸盐母质为主亦是重要原因之一。

（3）植被。原生植被主要为中温生落叶阔叶林，林木成活率和更新能力较强。海拔 1 500 m 开始出现落叶松、云杉等针叶林。目前原始森林已基本不复存在，多为天然次生林或人工抚育油松林。

（二）成土过程

棕壤具有明显的淋溶与黏化和生物富集成土过程。

（1）淋溶与黏化。棕壤在风化过程和有机质矿化过程中形成的一价（钠、钾）矿质盐类均被淋失，二价（钙、镁）游离态盐类的大部分被淋失，土壤一般呈中性偏酸，无石灰反应，盐基不饱和。部分高价的铁、铝、锰游离，铁锰游离度分别在 $25\%\sim30\%$ 和 $50\%\sim70\%$，并有明显淋溶淀积现象，在剖面的中、下部结构体表面呈棕黑色铁锰胶膜形态。棕壤的黏化作用，一般以淋移淀积黏化为主、残积黏化为辅。黏化淀积层（Bt 层）的黏化系数≥1.2，剖面中、下部黏粒（<0.002 mm）含量与表面之比>1.2。

（2）生物积累作用。棕壤在湿润气候条件和森林植被下，生物积累作用较强，累积大量腐殖质，有机质含量一般为 50 g/kg 左右。但耕垦后的土壤生物累积作用减弱，有机质含量锐减到 10～20 g/kg。棕壤虽然因淋溶作用而使矿质营养元素淋失较多，但由于阔叶林的存在，以枯枝落叶形式向土壤归还 CaO、MgO 等盐基较多，可以不断补充淋失的盐基，并中和部分有机酸，因而使土壤呈中性和微酸性，而没有灰化特征。这种在土壤上部土层中强烈进行着灰分元素的积聚过程，使棕壤在其形成过程中，创造和保持了较高的自然肥力。

（三）剖面形态

棕壤的剖面构型为 Oi‑Ah‑Bt‑C 型。

（1）枯枝落叶层（Oi 层）。开垦以后，此层即消失。

（2）腐殖质层（Ah 层）。一般厚度 15～25 cm，暗棕色，腐殖质含量 10～30 g/kg，多为细砂壤土，粒状或屑粒结构，疏松，根系多，无石灰反应。

（3）黏化淀积层（Bt 层）。厚度 50～80 cm，干时亮棕色，湿时暗棕色，质地粉质壤土、黏壤土，核状结构，紧实，根系少，结构体表层有胶膜和少量 SiO_2 粉末，无石灰反应，有铁子。

（4）母质层（C 层）。因母质类型不同而有较大差异，但多是非碳酸盐风化壳。

（四）理化性状

（1）机械组成。土壤质地因母质类型不同而变化较大，发育于片岩、花岗岩等岩石风化残积物上的棕壤质地较粗，表土层多为砂壤土或壤质砂土，剖面中部多为壤土；而由洪积物或黄土状母质发育的棕壤，质地较细，表层为粉质壤土，剖面中部为黏壤土或更黏。

（2）黏土矿物。黏土矿物处于硅铝化脱钾阶段，棕壤的黏土矿物以伊利石为主，还有一定量的蒙脱石、高岭石和少量的蛭石与绿泥石。但因成土母质和地区的差异，黏土矿物的伴生组合也有一定的差异。

（3）物理性质。发育良好的棕壤，特别是发育于黄土状母质上的棕壤，质地细，凋萎系数高，达 10% 左右，田间持水量亦高，达 25%～30%，故保水性能好，抗旱能力强。棕壤的透水性较差，尤其是经长期耕作后形成较紧的犁底层，透水性更差。

（4）化学性质。土壤阳离子交换量为 15～30 cmol/kg，交换性盐基以 Ca^{2+} 为主，其次为 Mg^{2+}，而 K^+、Na^+ 甚少；盐基饱和度多在 70% 以上，同一剖面没有明显变化，而不同亚类之间变化较大。土壤呈中性至微酸性反应，pH 为 5.5～7.0，无石灰反应。

（五）主要亚类

河北省棕壤有典型棕壤、潮棕壤和棕壤性土 3 个亚类。

（1）典型棕壤。河北省典型棕壤面积 194.90×10^4 hm²，占全省土壤面积的 11.83%。分布于太行山、燕山中山低山和冀东滨海低山丘陵。海拔从 700～1 000 m 直至 2 300～2 500 m 林线终止。阴坡比阳坡分布稍稍靠下，发育在酸性-中性岩类母质上的比发育在碳酸盐岩类、基性岩类母质上的靠下。燕山滨海迎风面棕壤分布下限可达 300 m 左右。

（2）潮棕壤。河北省潮棕壤面积大约 494.47 hm²，占全省土壤面积的 0.003%。主要分布于冀东秦皇岛市滨海丘陵以下，母质为洪积冲积物，地下水埋深 1.5～2.5 m。在围场县山地沟谷的高阶地有零星分布。

潮棕壤的成土特征：除黏化之外，地下水参与成土过程，潜育化特征明显。同时，由于潮棕壤目前均为农田，有机质积累较少。表层以棕色为主，微酸性反应，盐基饱和度 88%，pH 为 6.5 左右；心底土有锈纹斑或铁锰结核。

（3）棕壤性土。河北省棕壤性土总面积 35.91×10⁴ hm²，占全省土壤面积的 2.19%。棕壤性土剖面发育微弱，为 A-(B)-C 型。土薄石多，微酸性反应。林被破坏，侵蚀较重，分布于棕壤区内的中山低山、丘陵，一般以阳坡为多。

（六）利用与改良

棕壤是一种高肥力土壤，可利用程度高。适宜范围广，平地丘陵区可发展农业，丘陵山地常发展林业和用作苹果、梨、李、桃、葡萄等果园。主要问题是防治旱涝和水土流失，山区要保水土、防侵蚀，森林区要进行合理管理，砍育结合，引进优良树种，进行林木更新。耕种棕壤的有机质含量较低，应增施有机肥，种植牧草和绿肥，培肥地力。

二、褐土

褐土是河北省分布最广的地带性土壤，面积 508.04×10⁴ hm²，占全省土壤面积的 30.83%。褐土腐殖质层有机质含量 10～30 g/kg，厚度约 20 cm；黏化层为残积黏化和淀积黏化相结合，红褐色，核状结构有胶膜，厚度 10～50 cm；淋溶弱，pH 7 左右，盐基饱和度80％以上。河北省褐土分布于燕山、太行山脉的低山丘陵山麓平原。在山区，其上限以淋溶褐土与棕壤相接；在平原，其下限以潮褐土与潮土相衔。

（一）成土条件

（1）气候。湿热同期，干湿季节明显，旱季长。河北省褐土处于半干旱半湿润暖湿季风气候区。年平均温度10～13 ℃，年降水量500～700 mm，冬春干旱、多风，春旱频繁，干燥度1.5左右，具有海洋性和大陆性气候过渡地带的特点。这种气候特点和典型褐土区地中海型的冬季温暖，间有积雪，夏季长而炎热，一年中干湿季节明显类似。较长时间的旱季，土壤有机质的矿质化进行较快，累积不多。湿热同期的夏季，促使褐土黏粒、碳酸钙及易溶盐下移并在一定部位淀积。

（2）植被。河北省褐土区原始栎属森林植被已不存在，低山丘陵褐土以酸枣、荆条、白草、菊科蒿属、阿尔泰狗娃花等以及较耐旱的毛地黄、禾本科杂草为主，次生和人工栽培的林木有青甘杨、榆树、油松、侧柏；山麓平原陡坎处可见到酸枣、萎蒿、胡枝子、阿尔泰狗娃花、毛地黄等零星分布；耕地则一般为半旱生田间杂草。酸枣可作为淋溶褐土与棕壤的参考界限。

（3）地形。河北省褐土所处地势较高，利于土体内外排水。太行山东侧的山麓平原褐土区海拔45～90 m，坡降1/200～1/1 200，平均1/850。

（4）母质。河北省褐土的母质以马兰黄土和局部的红黄土、次生黄土及洪-冲积黄土状沉积物为主。低山丘陵区褐土母质以各种岩石风化物组成的残-坡积物为主，也受黄土母质干扰，有的覆盖在残坡物之上，有的夹杂于残坡积母质之中。黄土颗粒均一，富垂直节理。发育在黄土母质上的褐土，群众称"立黄土"。

（5）水分。河北省褐土区地下水埋深一般大于4 m，近年来大量开采下水，水位明显下降，目前地下水埋深3～4 m。水质为重碳酸盐水，矿化度小于0.5 g/L。冲积扇末端指状的缓岗处为潮褐土，心土含铁子、铁锰结核、锈斑、砂姜等新生体，说明过去地下水曾经参与成土过程。

（二）成土过程

（1）干旱的残落物腐殖质积累过程。干旱森林与灌木草原的残落物在其腐解与腐殖质积聚过程中有两个突出特点：一是残落物均以干燥的落叶疏松地覆于地表，以机械摩擦破碎和好氧分解为主，所以积累的土壤腐殖质少，腐殖质类型主要为胡敏酸；二是残落物中 CaO 丰富，含量一般可高达 $20\sim50$ g/kg，仅次于硅（$100\sim200$ g/kg），所以生物归还率可高达 $75\%\sim250\%$，保证了土壤风化中钙的部分淋溶补偿，甚至产生了部分表层复钙现象。

（2）碳酸钙的淋溶与淀积。在半干旱半湿润条件下，原生矿物的风化首先是大量脱钙阶段，其 CaO 随含有 CO_2 的重力水由土壤剖面的表层渗到下层，以至于形成地下水流。该风化阶段的元素迁移特点是 CaO、MgO 大于 SiO_2 和 R_2O_3 的迁移。但由于半干旱半湿润季风气候的特点，一方面降水量小，另一方面干旱季节较长，土体 CO_2 分压随着土层深度的增加而下降，到达一定深度的 CO_2 量少，即导致土体中的 Ca（HCO_3）$_2$ 生成 $CaCO_3$ 而沉淀。这种淀积深度，也就是淋溶深度，一般与降水量呈正比。

（3）黏化过程。在褐土的黏化过程中，一般以残积黏化为主，而夹有一定的淋溶黏化。一般石灰性褐土以前者为主，淋溶褐土以后者为主。然而，在一个剖面中两者常常同时混合存在，黏化层多出现在 50 cm 以上，而且从理论上讲残积黏化往往层位稍高，淋溶黏化可能层位稍低。

（4）人为生产活动及气候变迁的叠加过程。首先，气候的演变和地质动力的叠加过程产生的最明显表现为"降尘"，即风力吹来的黄土尘埃的现代复钙过程，以及某些阶地上水漫溢的复钙过程，甚至也包括旱生植被中钙元素的生物归还复钙过程等；其次是在人为耕作、施肥、灌溉的影响下，形成淡色腐殖化耕作层。

（三）剖面形态

褐土的剖面构型为 A - Bt - Bk（BCk）- C 型。

（1）腐殖质层或淋溶层（A 层）。具有粒状结构，疏松，质地较下层轻，暗褐色，有石灰反应，有较多的植物根系及植株残体等特征。一般厚度为 20～30 cm，在淋溶褐土中可达到 30 cm 以上。有机质含量较高，但由于林-灌-草植被，有机质矿质化强于棕壤，因此有机质含量一般<10%，向下呈渐进或水平状过渡。耕作土壤中 A 层已不具有腐殖化特征，成为有机质含量仅为 10 g/kg 左右的耕作层。

（2）黏化淀积层（Bt 层）。该层是褐土的特征土层之一，在褐土分布的较湿润地区比较明显。质地黏重，黏粒含量高，一般>25%。厚度多数为 50～80 cm，厚者可达 1 m 以上。颜色为褐色-棕褐色，核状结构居多，有的也发育为棱柱状结构，比较紧实，植被根系少。淋溶程度强者，在结构体表面可见铁锰胶膜和黏粒胶膜，显微镜下能观察到发育良好的光性定向黏粒。

（3）钙积层（Bk 或 BCk 层）。这是褐土的另一特征土层，在褐土分布的较干旱地区容易形成，一般厚度在 20～50 cm，颜色较 A 层浅。土壤质地较 Bt 层轻，黏粒含量较低，有少数质地黏重者是受母质影响的结果。碳酸盐含量高，一般>20 g/kg，有的碳酸盐含量可达 150 g/kg 以上。从形态看，剖面可见碳酸盐淀积形成的假菌丝体、碳酸盐粉末、砂姜（碳酸盐结核），有的甚至可以见到石灰磐；从微形态看，土壤薄片中常见碳酸盐膜、方解石晶粒、碳酸盐凝团等新生体。

（4）母质层（C 层）。该层次质地各异，黄土母质质地较轻，石灰岩、页岩风化母质质地较重，砂岩风化物黏砂不均，在某些残积物和坡洪积物母质中有时含有数量不等的砾石。冲积物发育的潮褐土和部分淋溶褐土有的可以见到淋溶或潴育化过程形成的锈色斑纹。

（四）理化性状

褐土形态表现为土色以褐棕-褐色为主，腐殖质层不厚，色浅，灰褐色或灰棕色。黏化层在 25～30 cm 以下，其黏粒含量比相邻的上下土层多 20% 左右。黏土矿物以伊利石、蒙脱石、绿泥石为主，发育在黄土母质上的褐土有大量方解石。土壤质地以壤质为主，黏化层可达壤黏土。

（1）机械组成。褐土的土壤颗粒组成，除粗骨性母质外一般均以壤质土居多。发育在西部黄土母质上的褐土质地较轻，一般以壤土为主；发育在石灰岩、页岩等残坡积物上的褐土质地较重，常见黏壤土、黏土等。但一般来说，受黏化作用影响，土体中部经常有一个质地黏重的层次——黏化层，而表层土壤质地一般稍轻。在这种质地剖面中，主要特征是在一定深度内具有明显的黏粒积聚即黏化层，其黏粒（$<0.002\ mm$）含量大于 25%，黏化特征层的黏化值（B/A）>1.2。

（2）黏土矿物。由于矿物风化处于初级阶段，其黏土矿物以水化云母和水云母层钾离子释放而形成的蛭石（含量 20%～70%）为主，蒙脱石次之（10%～50%），少量的高岭石出现，则可能为母质的残留性状。由于这种矿物组成，所以黏粒的 SiO_2/R_2O_3 一般为 2.5～3.0。铁的游离度较高。

黏土矿物的光学鉴定表明，其胶膜的黏粒有光学定向特性，说明有淋溶淀积黏化因素，因而根据显微镜片研究，在少量大孔隙中的石灰质成分有再结晶的大颗粒方解石，但 A 层的石灰质多为泥质石灰混合物。

（3）物理性质。与土壤质地关系较大，一般表层容重为 $1.3\ g/cm^3$ 左右，底层为 1.4～1.6 g/cm^3，砂性质地则稍大，黏性质地则稍小。

（4）化学性质。一般耕种的褐土，0～20 cm 土层有机质为 10～20 g/kg，非耕种的自然土壤可达3%以上，特别是淋溶褐土与潮褐土等亚类更是如此。褐土的含氮量为 0.4～1 g/kg，碱解氮含量为 40～60 mg/kg，供氮能力属中等水平；有效磷含量低；速效钾一般均在 100 mg/kg 以上，所以钾比较丰富。对于微量元素，则与土壤的 pH 和母质关系较大。一般全剖面的盐基饱和度 $>$ 80%，pH 为 7.0～8.2。

（五）主要亚类

河北省褐土包括典型褐土、淋溶褐土、石灰性褐土、潮褐土和褐土性土 5 个亚类。

（1）典型褐土。河北省典型褐土面积 19.57×10^4 hm²，占全省土壤面积的 1.19%。分布于山麓平原和部分低山丘陵，母质以黄土和黄土状物质为主，植被有酸枣、荆条、白草、蒿、阿尔泰狗娃花、旋覆花、毛地黄以及耐旱喜钙的田间杂草。剖面性状同土类性状，表层弱石灰反应，B 层或 B 层以下有碳酸钙假菌丝体，全剖面碳酸钙含量 1%～3%，黏化层碳酸钙含量<3%，钙积层碳酸钙含量>5%。

（2）淋溶褐土。河北省淋溶褐土面积 103.26×10^4 hm²，占全省土壤面积的 6.27%。主要分布山地的棕壤界线以下、冀东低山丘陵、滦河冲积扇上部。年降水量 650 mm 以上，淋溶作用比褐土强，土体内石灰被淋洗，仅母质层具弱石灰反应，母质层以上碳酸钙含量少于 0.25%，pH 6.5～7.5。淋溶褐土剖面中铁、铝、锰等元素呈现向下层迁移现象，氧化铁、氧化铝下移绝对量 1%～2%；氧化锰下移绝对量 0.015% 左右。

（3）石灰性褐土。河北省石灰性褐土面积 130.70×10^4 hm²，占全省土壤面积的 7.93%。本亚类所处地理位置、成土条件与褐土亚类不同点在于石灰性褐土是发育在以黄土为主的富含碳酸钙的母质上，通体均呈强石灰性反应。成土母质多为第四纪马兰黄土或马兰黄土经搬运堆积而成的黄土状洪冲积物，一般可分耕层、犁底层、黏化层、钙积层和母质层。钙质多以假菌丝体状或砂姜状淀积，颜色以棕-棕黄为主。耕层有机质 1% 左右，石灰含量 5%～12% 不等，通体强石灰反应，pH 为 8.0～8.3。

（4）潮褐土。河北省潮褐土面积 124.90×10^4 hm²，占全省土壤面积的 7.58%。分布于河北省山麓平原中、下部，洪冲积末端，上接褐土或石灰性褐土，下接潮土，是褐土与潮土之间的过渡类型。地势比褐土低，坡度较缓，地下水埋深大于 3 m，但比褐土浅，土壤底层受一定时期毛管作用影响。土体上部具褐土特征，土色棕，有黏粒聚积，可见假菌丝体；土体下部具潮土特征，底土土色暗，为灰棕色，结构面上具小型铁子、铁锰结核、锈纹、锈斑。剖面中，黏化层较弱，表层开始有石灰反应，有机质含量较高。

潮褐土分布区，由于历史上曾经有过沼泽过程，在一些潮褐土剖面经常可见埋藏黑土层（黑鸡粪土），呈黑灰、黑、暗灰等色。厚者 50 cm，薄者 10 cm，多在 30～50 cm 土层出现，质地多为黏壤，块状结构。结构面上可见胶膜及锈纹锈斑。北起涿州，南至邢台，沿山麓平原下部，零星带状出现上述情况。潮褐土土层深厚、质地适中，中性至微碱性。地下水源充足，水质良好，农耕历史悠久，集约经营，土壤肥力较高，为河北省粮、棉高产区。

（5）褐土性土。河北省褐土性土面积 129.61×10^4 hm^2，占全省土壤面积的 7.86%。由于土壤受侵蚀影响或成土时间短以及其他矿物化学原因，土体发育微弱，黏化层不明显，形成 A-(B)-C 剖面构型。河北省褐土性土多分布在植被稀疏、坡度较大、水土流失较重的低山丘陵。成土过程不断被侵蚀而中断，土壤剖面发育差，有机质积累少，多含石砾，一般见不到黏化层和钙积层。少数褐土性土分布于低山丘陵和洪冲积扇河岸的沙丘、沙滩。目前已摆脱地下水影响，土壤向褐土化方向发展。剖面发育差，以棕褐色为主，A 层灰棕，有机质不多，心土层可见到假菌丝体。

（六）利用与改良

由于褐土分布的地貌类型较多，土壤状况存在差异，因此，农林利用潜力很大。从褐土利用的历史和现状来看，褐土已经成为林、果、桑、粮、棉、油、烟等的重要发展基地。褐土是河北的粮棉基地，还可用于发展经济作物，北方有名的苹果、梨、杏、柿、枣等即多产于此。主要利用改良途径为：科学施肥，增施有机质，解决氮磷比例；科学灌水，节水高产；合理用地，建立农林牧的合理结构；搞好水土保持工作。

三、黑土

黑土是河北省面积最小的土类之一，面积 0.16×10^4 hm^2，占全省土壤面积的 0.01%。主要分布于承德市围场坝上的红松洼，丰宁坝上的万胜永、森吉图，围场坝上的御道口市零星分布。

(一) 成土条件

(1) 气候。黑土分布区的气候属于温带湿润、半湿润季风气候类型，季节分异明显，冬季漫长（11 月至翌年 4 月），夏季短促。年降水量 500～600 mm，干燥度<1（0.75～0.90），大部分集中在暖季，4—9 月降水量占全年降水量的 90％以上，尤以 7—9 月 3 个月最多，占全年降水量的 1/2 以上，雨热同期。在植物生长季，水分较多利于植物生长发育，同时对于土壤有机质的形成和积累也有利。黑土区年均温 0～6.7 ℃，≥10 ℃积温为 2 000～3 000 ℃，无霜期 110～140 d，最冷月是 1 月。由于冬季寒冷少雨，有季节性冻结层，冻结期比较长（120～200 d），相应的冻结层比较深厚，一般 1.5～2 m，冻结层的存在对土壤形成产生特殊的影响。

(2) 地形。受新构造运动影响的间歇性上升的高平原或山前倾斜平原，多为波状起伏的漫川漫岗地，坡度一般为 1°～5°，耕作区的坡度更为平缓，多在 1°～3°，这种地形条件加上高度集中的降雨，造成水土流失。由于不同坡向接受阳光的长短和土壤冻融的迟早不同以及土壤侵蚀程度的差异，所以一般南坡和东坡较陡，北坡和西坡则较平缓。

(3) 母质。黑土的成土母质主要是第三纪、第四纪更新世和第四纪全新世的沉积物，质地从砂砾到黏土，以更新世黏土或亚黏土母质分布最广，有文献称之为黄土性黏土，一般无碳酸盐反应。黑土曾称为淋溶黑钙土，土体无石灰性反应，其原因可能是淋溶条件比黑钙土好，碳酸盐淋洗强度大，而成土母质本身无碳酸盐。

(4) 植被。植被类型属于草原化草甸（阔叶型花草，喜湿），多年生植物较多。主要植物有樟、地榆、裂叶蒿、野豌豆、野火球、风毛菊、唐松草、草芍药、野百合等。植物种类多，但没有优势种，以中生草甸植物为主；植物生长繁茂，一般高 40～50 cm。繁茂的植被加上当地的气候条件，致使有机物累积量很高。另外，这类植被的矿物质生物循环量大，灰分元素中 SiO_2 和 CaO 的比重较大。

（二）成土过程

（1）腐殖质积累过程。夏雨季节，土壤水分丰富，可形成上层滞水，再加上土壤养分充足，气温比较高，致使草甸草本植物生长旺盛，地上和地下都积累大量的有机物。

（2）黏粒淀积过程。夏秋多雨时期，土壤水分较丰富，通气性差，致使铁锰还原并随下渗水与有机胶体、灰分元素等一起向下淋溶，在淀积层以胶膜、铁锰结核或锈斑等新生体的形式淀积下来。

（三）剖面形态

黑土的剖面构型为 Ah - ABh - Btq - C 型。

（1）腐殖质层（Ah 层）。有机质含量 40～100 g/kg，一般厚 30～70 cm，厚者可达 100 cm 以上。黑色，黏壤土，团粒结构，水稳性团粒含量一般在 50％以上，疏松多孔，多根，pH 6.5～7.0，无石灰反应。

（2）过渡层（ABh 层）。颜色较上层浅，暗灰棕色，多根，腐殖质含量低于上层，厚度不等，一般为 30～50 cm。黏壤土，小块状结构或核状结构，可见明显的腐殖质舌状淋溶条带，pH 6.5，无石灰反应。

（3）淀积层（Btq 层）。厚度不等，一般为 50～100 cm，颜色不均一，通常是在灰色背景下，有大量黄或棕色铁锰的锈纹锈斑、结核，质地黏重紧实，小棱块或大棱块结构，结构体面上可见胶膜及 SiO_2 粉末。

（4）母质层（C 层）。黄土状堆积物，河北省黑土的母质以凝灰岩、玄武岩残坡积物和风积沙为主。

（四）理化性状

黑土的机械组成比较均一，质地黏重，一般为壤土或黏壤土，以粗粉砂和黏粒比重最大，分别占 30％左右和 40％左右。通常土体上部质地较轻，下层质地较重，黏粒有明显的淋溶淀积现象。

黑土结构良好，自然土壤表层土壤以团粒为主，其中水稳定性团粒含量一般在 50％以上。黑土开垦后随种植时间的延长，团粒结构变小，数量变少。

黑土容重为 1.0～1.4 g/cm³，随着团粒结构的破坏，耕垦后土壤容重有增大的趋势，另外开垦后通常有腐殖质含量降低、淀积层位置提高的趋势（侵蚀的结果）。总孔隙度一般在 40%～60%，毛管孔隙度所占比例较大，可占 20%～30%，通气孔隙度占 20%左右。因此，黑土透水性、持水性、通气性均较好。

黑土的有机质含量相当丰富，自然土壤 50～100 g/kg，在草原土壤中是最高的。腐殖质类型以胡敏酸为主，HA/FA＞1，胡敏酸钙结合态比例较大，通常可占 30%～40%。开垦后土壤有机质含量逐渐降低，农田黑土有机质含量一般只有自然土壤的 1/2。

黑土呈微酸性至中性反应，pH 6.5～7.0，剖面分异不明显，通体无石灰反应。腐殖质层阳离子交换量一般为 30～50 cmol/kg，以钙镁为主，盐基饱和度 80%～90%。表层全氮 1.5～2.0 g/kg，全磷 1.0 g/kg 左右，全钾 13 g/kg 以上。

黑土黏土矿物组成以伊利石、蒙脱石为主，含有少量的绿泥石、赤铁矿和褐铁矿，黏粒硅铁铝率为 2.6～3.0。化学组成较均匀，铁锰氧化物在剖面上略有分异，淀积层有增加的趋势。

（五）主要亚类

河北省黑土仅有典型黑土 1 个亚类。

（六）利用与改良

（1）存在的问题。水土流失严重；春旱、夏秋涝，低温干旱；土壤肥力因素之间不协调等。

（2）利用改良途径。抓好水土保持措施：把顺坡种植改为横坡种植或斜坡种植，修造梯田，沟坡造林防沟蚀，抗旱防涝。保肥培肥措施：合理施用矿质肥料，合理耕作。

四、灰色森林土

灰色森林土分布于河北省承德市丰宁-围场海拔 1 400～1 700 m 的坝上高原，主要在赛罕坝林场和御道口林场一带。上接山地草甸土，下连棕壤，面积 10.55×10⁴ hm²，占全省土壤面积的 0.64%。

（一）成土条件

灰色森林土是森林草原地区针阔叶混交林植被下发育的土类，年平均温度小于 1 ℃，≥10 ℃积温 1 800～2 000 ℃。年降水量 450 mm，无霜期 80～90 d。自然植被以华北落叶松、云杉、青甘杨为主，混有樟子松。林下草类主要有地榆、柴胡、黄芩和委陵菜等。地形为疏缓丘陵，成土母质以风积沙和次火山岩风化物为主，此外还有花岗岩和玄武岩的残坡积物等。

（二）成土过程

灰色森林土碳酸钙受到淋溶，发生层内无石灰反应。腐殖质层较厚，具有较弱黏粒淋溶淀积特征。B 层小核状结构，有少量黏粒胶膜，结构体表面有 SiO_2 粉末。

河北省灰色森林土有以下特征：

（1）较强的腐殖质累积。河北省灰色森林土，植被较好地段，Oi 层厚度为 1～3 cm，Ah 层厚度一般为 20～30 cm，厚的可达 50 cm，腐殖质含量可达 40～60 g/kg，碳氮比 10～11，胡敏酸与富里酸比值接近 1.0。

（2）较弱的淋溶作用。下层有 SiO_2 淀积。河北省灰色森林土剖面下部，在结构面上有白色 SiO_2 淀积，土壤 pH 6.5 左右，呈弱酸性。

（三）剖面形态

灰色森林土的剖面构型为 Oi - Ah - Bq - B/C 型。

（1）枯枝落叶层（Oi 层）。表层厚 1～3 cm，由木本植物凋落物和草本植物残体组成，半分解凋落物上有白色菌丝体。

（2）腐殖质层（Ah 层）。腐殖质层厚 20～30 cm，厚者达 50 cm，暗棕灰色，团粒或粒状结构。常见掘土动物巢穴，向下过渡较明显。

（3）淀积层（Bq 层）。厚 20～40 cm，暗棕色，含小铁子。核状结构，结构体表面有杂色铁质胶膜和大量 SiO_2 粉末。

（4）母质层（B/C 层）。灰棕色石质土层，其间夹有少量壤土，石砾表面常见铁、锰胶膜，绝大部分无碳酸盐聚积。

（四）理化性状

腐殖质层深厚，表层腐殖质含量超过 20 g/kg，多的可达 80～130 g/kg，团粒状结构。

土壤呈微酸性反应，交换性盐基以钙、镁为主。

表土质地中等，多为壤质土；心土层稍黏重，核状结构，表面多铁质胶膜和硅酸粉末。

黏土矿物以水云母为主，还有高岭石、蛭石及蒙脱石，土壤肥力水平较高，适于各种林木生长。

（五）主要亚类

河北省灰色森林土仅典型灰色森林土 1 个亚类。

（六）利用与改良

河北省灰色森林土母质多风积沙或次火山岩，质地偏砂。从剖面颗粒分析结果可看出，黏粒会轻微下移淋溶淀积黏化。灰色森林土具良好的林木立地条件，20 世纪 50 年代后期建立的塞罕坝机械化林场，今日成为以落叶松为主的林区，樟子松、云杉表现良好，杨、桦等阔叶林亦能很好生长。灰色森林土是河北省用材林基地，除抚育好现有林木外，应继续发展落叶松、樟子松等用材林。

第二节　水成土和半水成土

河北省的水成土土纲仅有沼泽土，半水成土土纲包括潮土、山地草甸土、砂浆黑土和草甸土。

一、沼泽土

河北省沼泽土面积 7.10×10^4 hm²，占全省土壤面积的 0.43%。主要分布于坝上高原"淖尔""海子"周边，平原区交接洼地、湖泊洼淀周边及滨海泻湖洼地，如白洋淀、永年洼。沼泽土分布于积水洼地，地表长期渍水，生长沼泽植被或水生杂类草，剖面表层具有暗色粗腐殖质层或泥炭化层，其下为潜育层，全剖面具潜育特征。河北省沼泽土零星分布，由于平原区地下水过量开采，水位下降，沼泽土面积缩小。

（一）成土条件

沼泽土分布区地势低洼，封闭，无排水出路，每年有 6 个月地面积水，旱季地下水位接近地面，土壤水分过多，处于滞水状态。母质多为湖相沉积物，亦有河湖相混杂，或海、湖、河相混杂，颗粒细，夹杂螺壳、贝壳。河北省沼泽土的植被平原区以芦苇、三棱草、菖蒲为主，山区与坝上的沼泽土以莎草科薹草属为主，薹草根系紧密交织，冻融交替，形成突起"草墩"。

（二）成土过程

（1）潜育化过程。由于地下水位高，甚至地面积水，土壤长期渍水，造成土壤结构破坏，土粒分散。同时，由于积水，土壤缺乏氧气，有机质在厌氧分解下产生大量还原性物质如 H_2、H_2S、CH_4 和有机酸等，促使氧化还原电位降低，Eh 一般小于 250 mV，甚至降至负数。这样的生物化学作用即引起强烈的还原作用，土壤中的高价铁锰被还原成亚铁和亚锰。

（2）泥炭化过程。由于水分多，湿生植物生长旺盛，秋冬死亡后，有机残体残留在土壤中，翌年春季或夏季，由于低洼积水，土壤处于厌氧状态。有机质主要通过厌氧分解，形成腐殖质或半分解的有机质，有的甚至不分解，年复一年积累形成泥炭。

（三）剖面形态

沼泽土的剖面构型为 Ae - Bg 或 Oa - Ae - Bg 型。

（1）泥炭层（Oa 层）。位于沼泽土上部，也有厚度不等的埋藏层存在；泥炭层厚度 10 cm 以上至数米，但超过 50 cm 时即为泥炭土。

（2）腐泥层（Ae 层）。即在低位泥炭阶段与地表带来的细土粒进行充分混合，而于每年的枯水期进行腐解，因而形成含有一定胡敏酸物质的黑色腐泥，一般厚度在 20～50 cm。

（3）潜育层（Bg）。位于沼泽土下部，呈青灰色、灰绿色或灰白色，有时有灰黄色铁锈。土壤较分散，质地不一，有机质及养分含量极低，土壤 pH 6～7。

（四）理化性状

河北省沼泽土质地偏重，分布于湖泊洼处的沼泽土，一般为壤质黏土或黏土。表土结构一般为团粒或粒状，水稳性较好、较松，多孔隙，容重一般为 0.9～1.3 g/cm³。

土壤有机质含量高，表层一般可达 15～25 g/kg，高者达60～90 g/kg，全氮 0.08% 以上，全磷 0.1%～0.2%，全钾 1.4%～2.3%，腐殖质组成胡富比值 22 左右，碳氮比 8～10。长期处于还原状态，亚铁含量高于旱地土壤，具有明显下移的情况。铁的活化度大于 40%，游离度大于 20%。

（五）主要亚类

河北省沼泽土划分为典型沼泽土、草甸沼泽土、盐化沼泽土和泥炭沼泽土 4 个亚类。

（1）**典型沼泽土**。河北省典型沼泽土面积 0.93×10⁴ hm²，占全省土壤面积的 0.06%。分布于湖泊周边、干涸洼淀草泊及山区平原的河谷洼地积水处。地表周期积水，植被以芦苇、蓼科三棱草和沼生杂草为主。全剖面潜育特征，表层为有机质层，草根较多，有机质层以下为灰蓝色的潜育层。土体内有锈纹、锈斑、铁子及铁锰结核，土色暗灰棕，湖相沉积的质地黏重，河流冲积的质地多为壤土。

（2）**草甸沼泽土**。河北省草甸沼泽土面积 3.84×10⁴ hm²，占全省土壤面积的 0.23%。分布于河谷洼地、湖泊周边，比典型沼泽土亚类地形部位略高。地面积水时间较短，每年 2～3 个月，雨季地下水位接近地表，旱季地下水位 0.5 m 左右。潜育化明显，但伴生草甸过程，地表植被以莎草科薹草属为主，亦有芦苇、三棱草等。表层植物根密集的腐殖质层下层潜育特征明显。

（3）**盐化沼泽土**。盐化沼泽土是在局部地形低洼泉水出露的沼泽地段，由于水位下降，在强烈蒸发作用下，盐分逐渐向地表聚积，形成兼有沼泽过程和积盐过程的另一盐土类型。积盐特点与草甸盐土相似，形成草、盐相互胶结的盐结皮，结皮硬度比草甸盐土的稍大，并呈小丘状隆起，下部土层蓝灰潜育化特征明显，有的还出现薄层泥炭。结皮厚 5～10 cm，含盐量 3%～25%。盐分组成有氯化物-硫酸盐类型，还有硫酸盐-氯化钙-氯化镁类型，也有以氯化钠为主的。

（4）泥炭沼泽土。地面长期积水，长期进行泥炭累积过程，泥炭层厚 20～50 cm。干旱和半干旱地区、沿海地区的沼泽土还含有碳酸盐和可溶盐。

（六）利用与改良

（1）疏干排水。这是利用沼泽土的先决条件，但是在大面积流干之前一定要进行生态环境分析，防止不良的生态后果发生。

（2）小面积的治涝田间工程。如修筑条台田、大垄栽培等，以局部抬高地势，增加田块土壤的排水性，可以取得一定的效果。

（3）牧业利用。有些排水稍差的沼泽土，由于有湿生植被，可以作为牧场，但要注意沼泽土的湿陷性很强，防止牲畜陷落并注意饮水卫生及烂蹄病发生等。

二、潮土

河北省潮土面积 4.25×10^6 hm²，占全省土壤面积的 25.81%，集中分布于京广线以东、京山线以南的冲积平原和滨海平原，山区沟谷低阶地有零星分布，多已垦殖为农田。土壤水分主要是地下水通过毛管上升作用补给，土壤长期或季节性处于毛管水饱和状态，生长了一部分草甸植被，部分具有沼泽化、盐化、碱化等附加特征。土壤剖面沉积层理明显，具有不同程度的石灰性，一般为中性。

（一）成土条件

（1）气候。潮土在暖温带和亚热带都有分布。河北属于半干旱半湿润季风气候区，$\geqslant 10\ ℃$ 积温 3 400～3 600 ℃，无霜期 180～220 d，年降水量 450～600 mm，年均温 8～14 ℃，干湿季明显。

（2）地形。冲积平原，海拔 50 m 以下，坡降 1/4 000～1/2 000，即微斜平原，地下水位 1.5～3.0 m，低洼地方排水不好。潮土分布地区地形平坦，地下水埋深较浅，地下水埋深随季节而发生变化，旱季时地下水埋深一般为 2～3 m，雨季时可以上升至 0.5 m 左右，季节性变幅在 2 m 左右。20 世纪 50 年代末以来，随着排水体系的修建和大量抽取地下水灌溉，目前潮土分布区的地下水位大幅度下降，旱季时地下水埋深一般为 4～7 m，雨季时一般下降至 1 m 以下，剖面基本上已经脱离了地下水的影响。

（3）母质。母质主要为近代河流冲积物，冲积层次明显。部分为古河流冲积物、洪积物及少量的浅海冲积物。在黄淮海平原及辽河中下游平原，潮土的成土母质多为石灰性冲积物，含有机质较少，但钾素丰富，土壤质地以砂壤质和粉砂壤质为主；而长江水系主要为中性黏壤或黏土冲积物。

（4）植被。潮土的自然植被为草甸植被，但由于该地区农业历史比较悠久，多开辟为农田，只有田间有喜湿性杂草，如马唐、芦苇、画眉草等。

（5）人为影响。在成土条件下，潮土受地形、母质和人为作用的影响，其中人为作用占主要。

（二）成土过程

（1）潴育化过程。在地下潜水干湿季节周期性升降运动的作用下，潮土下部土层铁、锰等化合物的氧化还原过程交替进行，并有移动与淀积。由于这种周期性氧化还原过程每年都发生，土层内显现出铁锈纹层（锈色斑纹层）。锰也发生上述类似的氧化还原变化，常有黑色锰斑与软的锰结核。在氧化还原层下有时还可以见到砂姜，砂姜一般是富含碳酸钙的地下水的凝聚产物。

（2）腐殖质积累过程。潮土绝大多数已垦殖为农田，因此其腐殖质积累过程的实质是人类通过耕作、施肥、灌排等农业措施，改良培肥土壤的过程。潮土腐殖质积累过程较弱，尤其是分布在黄泛平原上的土壤，耕作表土层腐殖质含量低，颜色浅淡。所以也称之为浅色腐殖质表层。

（三）剖面形态

潮土的剖面构型为 A - AB - BCr - Cr 型。

（1）腐殖质层或耕作层（A层）。大多数潮土的腐殖质层是一种人为耕种熟化表土层，一般厚 15～20 cm，腐殖质含量低，一般 0.5%～1%，颜色浅淡，干态亮度≥6，彩度≤4，壤质土，多为屑粒状结构，有大量作物根系。耕作层之下有时可见犁底层，是长期受机具的碾压而形成的，片状或鳞片状结构，厚度 5～10 cm 不等，颜色与耕层土壤接近。

（2）过渡层（AB层）。一般在犁底层之下，厚度 15～40 cm 不等，壤质土，也多为屑粒状结构，其湿态亮度、彩度均≥4。有时犁底层之下是氧化还原层，而不存在过渡层。

（3）氧化还原层（BCr层）。又称锈色斑纹层，多出现于 60～150 cm 之间，有明显锈斑，其湿态亮度、彩度均≥4；也有与之相间分布呈还原态的灰色斑纹，其湿态亮度≥6，彩度≤2。该层下部时有软质铁锰结核，或有雏形砂姜。

（4）母质层（Cr层）。主要为沉积层理明显的冲积物，具有明显的潴育化特征，甚至有潜育化现象。

（四）理化性状

（1）机械组成。潮土颗粒组成因河流沉积物的来源及沉积相而异，一般来源于花岗岩山区者粗，来源于黄土高原的黄河沉积物多为砂壤及粉砂质。地形上，近河床沉积者，土质粗；湖相沉积者，土质细。

（2）黏土矿物类型。潮土的黏土矿物一般以水云母为主，蒙脱石、蛭石、高岭石次之。蒙脱石含量与流域物质来源有关，黄河沉积物蒙脱石明显高于漳河和沁河。黄河沉积物发育的潮土黏粒（<0.001 mm）硅铝率较高（3.5～4.0），长江沉积物发育的潮土较低（3.0 或稍高）。

（3）pH 及碳酸钙。发育在黄河沉积母质上的潮土碳酸钙含量高，含量多在 5%～15%，砂质土偏低，黏质土偏高。土壤呈中性到微碱性反应，pH 7.2～8.5，碱化潮土 pH 高达 9.0 或更高。长江中下游钙质沉积母质发育的潮土，碳酸钙含量较低，为 2%～9%，pH 为 7.0～8.0；发育在酸性岩山区河流沉积母质上的潮土不含碳酸钙，土壤呈微酸性反应，pH 5.8～6.5。

（4）养分状况。分布于黄河中下游的潮土（黄潮土），腐殖质含量低，多小于 10 g/kg，普遍缺磷，钾元素丰富，但近期高产地块普遍出现缺钾现象，微量元素中锌含量偏低。潮土养分含量除与人为施肥管理水平有关外，还与质地有明显相关性。

（五）主要亚类

河北省潮土包括典型潮土、湿潮土、脱潮土、盐化潮土和碱化潮土等 5 个亚类。

（1）典型潮土。典型潮土是河北省潮土土类中分布最广的一个亚类，面积 3.0×10^6 hm²，占潮土土类总面积的 70.47%，占全省土壤面积的 18.18%。典型潮土集中分布于冲积平原开阔地段由岗地向洼地过渡的倾斜平地，山区沟谷处零星分布。物质组成颗粒变化较大。地下水埋深 2～3 m 者多，变幅为 1～3 m，地下水矿化度 <3 g/L。

（2）脱潮土。河北省脱潮土面积 45.00×10^4 hm²，占全省土壤面积的 2.73%。脱潮土所处地势较高，特别是近年来地下水位下降明显，已摆脱地下水的影响。土体上部颜色较为鲜艳，有假菌丝体出现，土体下部土色则仍较灰暗，残存锈纹锈斑。多分布于冲积平原的缓岗处，比邻近二坡地相对高出 1 m 左右或 2～3 m。地下水埋深一般 3～5 m，有的深达 7～8 m，不能通过毛管上升到土壤上部。地表可见少量酸枣、茵陈蒿、阿尔泰狗娃花等中旱生植被。

（3）湿潮土。湿潮土是潮土向沼泽土过渡的土壤类型，具潮土的锈纹锈斑层，底土层有灰蓝色潜育层。河北省湿潮土面积 6.49×10^4 hm²，占全省土壤面积的 0.39%。多分布于宁晋泊、大陆泽、白洋淀、东淀等几个大型交接洼地。冲积平原的洼地中心部位，地下水埋深 0.5～1.5 m，雨季地表短期积水。母质多为静水沉积物，质地黏重。喜湿性的植被如芦苇、三棱草、两栖蓼、委陵菜及薹草属生长茂密，有利于腐殖质的积累。土体下部长期处于还原状态，产生蓝铁矿（$FeCO_3$）、菱铁矿（$FePO_4$）等低铁化合物，土粒染成灰蓝色，有明显的潜育层。

（4）盐化潮土。河北省盐化潮土面积 72.82×10^4 hm²，占全省土壤面积的 4.43%。其养分含量常低于非盐化潮土。硫酸盐盐化潮土分布于邯郸魏县、肥乡、鸡泽，邢台巨鹿，衡水安平，保定高阳，雄安安新，廊坊等地，以及洼地边缘、渠道两侧。氯化物-硫酸盐盐碱化潮土分布于冲积平原中部，沧州运河以西、黑龙港地区二坡地和洼地边缘，与硫酸盐-氯化物盐化潮土相间分布。硫酸盐-氯化物盐化潮土分布于河北省滨海平原以西、沧州运河以东，以及古河道两侧、洼地边缘及"洼中高"部位，有时与氯化物-硫酸盐盐化土呈复区分布。

（5）碱化潮土。河北省碱化潮土面积 1.17×10^4 hm²，呈斑状分布于农田中，有的也分布在弃荒地上，碱斑占 40% 左右。碱斑上农作物出苗尚易，但很难保苗。碱斑上生长有稀疏的白花菜、碱蓬等。耕作后遇雨土块极易分散，干后板结，不易透水。干后破裂形成红棕色结皮，结皮厚度 1 mm 左右。垄背遇雨极易被冲平，地形稍高处留下极细沙粒并成土壳。土壳背面有明显的蜂窝状气孔，蜂窝层厚度 3~5 cm。

（六）利用与改良

发展灌溉，建立排水与农田林网，加强农田基本建设，是改善潮土生产环境条件，消除或减轻旱、涝、盐、碱危害的根本措施，也是发挥潮土生产潜力的前提。目前，潮土分布面积最大的黄淮海平原，因为排水体系完善，基本防止了涝灾的发生，盐碱危害也随之减轻，但旱灾依然时有发生，甚至有加重趋势，现因大量开采地下水，造成了地下水漏斗。

培肥土壤。目前出现了重视化肥投入，而忽视有机肥投入的现象。虽然大量投入化肥使得根茬归还量增大，土壤有机质含量有上升趋势，但若实行秸秆还田和采取施用其他有机肥措施，土壤有机质含量将进一步提高。潮土富含碳酸钙，pH 较高，应注意施用磷肥。在大量施用氮、磷肥的情况下，局部地区土壤已经出现缺钾的现象，应适当补施钾肥，配合施用微肥，实行平衡施肥。

改善种植结构，提高复种指数，合理配置粮食与经济作物、林业和牧业，提高潮土的产量、产值和效益。

三、山地草甸土

河北省山地草甸土面积 4.32×10^4 hm²，占全省土壤面积的 0.26%，分布在海拔 $1\,600 \sim 2\,800$ m 的平缓山顶，常年受高湿和低温影响，表层有机质积累较高，过渡层明显，土体较薄。平泉县光头山、兴隆县雾灵山、丰宁县云雾山、蔚县小五台山、涿鹿县灵山和平山县南坨山等均有分布。

（一）成土条件

山地草甸土的成土母质以酸性岩残积物和基性岩残积物为主。结冰期和积雪期均较长，积温 $<2\,000$ ℃，无霜期 $70 \sim 100$ d，降水量 $600 \sim 700$ mm，植被类型为中生杂草草甸或灌丛草甸，主要有石竹、翠雀、草芍药、唐松草、金莲花、委陵菜、细叶沙参、百里香、风毛菊、薹草属和铃兰等，此外还有一些稀疏的灌木。

（二）成土过程

（1）腐殖质积累过程。由于山顶气候冷，不宜树木生长，而草甸植物则生长繁茂。每年草本植物遗留的残体分解缓慢，土壤有机质积累较多，腐殖质层发育良好。

（2）土壤淋溶作用。盐基淋失多，呈酸性反应。

（3）潴育化作用。表土层以下常年湿度较大，氧化还原特征明显，底部常见铁锰锈斑。

（三）剖面形态

山地草甸土的剖面构型为 Oo - Ah - C - R 型。

（1）草皮层（Oo）。位于表层，一般小于 10 cm。

（2）腐殖质层（Ah）。因气温增高，发育较好，厚度 40 cm 左右，呈均匀黑棕色（10YR2/3）。

（3）母质层（C）。分化不明显，棕色调为主，土质砂性，有较多半风化石砾及石块。

（4）母岩层（R）。岩石层。

（四）理化性状

土壤有机质含量高，可达 $80\sim160$ g/kg。

黏土矿物以水云母为主，并伴存有高岭石、蛭石；黏粒硅铁铝率和硅铝率分别为 $2.0\sim2.7$ 和 $2.8\sim3.6$。

土体呈强酸性反应，pH $4.5\sim5.7$，盐基饱和度低，一般低于 20%。

（五）主要亚类

河北省只有典型山地草甸土 1 个亚类。

（六）利用与改良

河北省北部一些中山山顶过去曾被木本植物所覆盖，由于火灾的影响，林木逐渐被耐风、耐寒力较强的草甸植物取代。繁茂的草甸草本植物和杂草类，每年有大量的地上、地下部残留形成较厚的有机残体和根系交织层。

山地草甸土分布在山地顶部，面积不大，无农用与林用价值，风景好的地方可发展旅游业。应保护生态环境，禁止破坏自然植被，避免水土流失。

四、砂姜黑土

河北省砂姜黑土面积 6.54×10^4 hm²，占全省土壤面积的 0.40%，主要分布在扇缘洼地和平原洼地。上游地下水中含有大量碳酸氢钙，抵达洼地后，由于压力降低分解出二氧化碳，在土体形成石灰结核。表层有机质含量 1% 左右，颜色深暗。其下为潜育层，再下为砂姜层。

（一）成土条件

地势低平，坡降小于 $1/2\,000$，雨季排水不畅，有短期积水，地下水埋深一般在 $1\sim2$ m，大多为重碳酸钙镁型水质。分布区一般降水量为 $500\sim700$ mm，蒸发量 $1\,600$ mm 左右，旱季土壤水分蒸发，土壤通气变好，二氧化碳分压减小，地下水中的碳酸氢钙转为碳酸钙而淀积，与土粒胶结在土壤底层积聚形成砂姜层。地势低、排水条件差，表土腐殖质较多，形成了黑灰色土层。由于垦殖历史较长，在耕作影响下，形成耕作层、犁底层和埋藏黑土层，耕作层颜色变淡，犁底层容重加大，埋藏黑土层保持了原来的形态特征。

（二）成土过程

（1）草甸潜育化及碳酸盐的聚集阶段。现砂姜黑土分布区当时为一片湖沼草甸景观，低洼处形成大面积黏质河湖相沉积物，耐湿性植物周而复始地生长与死亡，在干季与湿季会交替出现好氧与厌氧条件，有机质腐烂与分解交替进行，高度分散的腐殖质胶体与矿物质细粒复合，使土壤染成黑色，形成黑土层。砂姜层的形成早于黑土层。从地球化学角度看，砂姜黑土分布区是重碳酸盐的富集区，地下水富含碳酸盐。

（2）耕种熟化及脱潜育化阶段。近 5 000 年来，特别是近 2 500 年以来，气候明显地从温暖湿润向干燥方向转变，加之近 3 000 年来的人为垦殖、排水，使地下水位逐渐下降，砂姜黑土底部的潜育层下移，原潜育层上部呈现脱潜育化，氧化还原电位增高。据测定，100～150 cm 处脱潜育层的氧化还原电位达 502 mV，接近耕作层（539 mV）。几千年来的人为耕作，使裸露的黑土层逐渐分化为耕作层、犁底层及残余黑土层。

（三）剖面形态

砂姜黑土的剖面构型为 Ap - ABbt - Br - Ckr 型。

（1）耕作层（Ap 层）。厚度不等，与耕作水平有关，一般为 15～20 cm。该层多由黑土层分化而成，由于连年耕作，施肥或压沙，质地变轻，颜色变浅，平时易裂成数厘米宽或数十厘米深的缝隙，有不同程度的变性特征。据微形态观察，耕作层以毛管孔隙为主，且多呈连通状态。犁底层厚度多在 6～15 cm。

（2）黑土层或残余黑土层（ABbt）。厚 20～40 cm，湿时多呈腐泥状，故又有腐泥状黑土之称，呈柱状结构，干时易碎裂成核块状。质地黏重，多为重壤土或黏土，少数为中壤土。除石灰性砂姜黑土外，一般无或微弱石灰反应，可见少量铁锰结核及小块硬砂姜。据微形态观察，在矿物颗粒边缘亮线和基质内，光性定向黏粒比耕层明显。

（3）脱潜层（Br）。位于黑土层和砂姜层之间，与砂姜层土体颜色相近，有锈纹锈斑，石灰反应强弱不一。据微形态观察，有较多铁子和斑迹状铁质浓聚体，铁质斑迹内有大量光性定向黏粒。

（4）母质层（Ckr）。一般为黏质河湖相沉积物，具有明显的锈斑，有时具有潜育现象。

（四）理化性状

黑土层的颜色较暗，但有机质含量并不高，一般为 $10\sim15$ g/kg，很少超过 20 g/kg。腐殖质组成以胡敏素为主，HA/FA 值在 1.0 左右。胡敏酸光密度较大，A4/A6 比值较小，在 $4.0\sim4.5$ 间。胡敏酸芳化度较大，活性腐殖质含量低，胡敏素多是砂姜黑土颜色较暗的一个重要原因。

土层深厚，质地黏重，多为重壤土至轻黏土，黏粒含量常在 30％以上，尤以残留黑土层为高。黏土矿物以蒙脱石为主，其次为水云母，黏粒的硅铝铁率和硅铝率均大，分别为 $2.7\sim3.0$ 和 $3.6\sim3.9$，土壤阳离子交换量为 $20\sim30$ cmol/kg。

砂姜黑土结构的突出特点是：有黏重的耕作层，在冬季经过冰冻之后，形成一种棱角明显的非水稳性碎屑状结构；心土层（包括残留黑土层）具有灰色胶膜的棱柱状结构，棱柱状结构面上可见变性土重要特征之一的"滑擦面"；胀缩系数大，在干旱季节易开裂成大裂缝，深度可达 50 cm，故漏水严重。

中性至微碱性反应（pH $7.2\sim8.3$）由上向下而增高，上部游离的 $CaCO_3$ 含量低，约 10 g/kg；下部无面砂姜的含量低，有面砂姜的则常在 50 g/kg 以上。

（五）主要亚类

本土类包括典型砂姜黑土、石灰性砂姜黑土和盐化砂姜黑土 3 个亚类。

（1）典型砂姜黑土。典型砂姜黑土亚类面积 3.99×10^4 hm²，占全省土壤面积的 0.24％。主要分布在扇间洼地，海拔一般在 5 m 左右。砂姜黑土具耕作层、黑土层、砂姜层。黑土层厚度一般在

20~30 cm，在土体中出现的部位不一，有的在耕层以下即出现黑土层，灰黑色、紧实、黏重、棱块状结构，结构面有灰色或灰黑色的胶膜、锈色的斑纹和铁锰结核。砂姜层埋深一般在 50 cm 左右，通体无石灰反应，灰白或淡灰棕、灰黄色，大量砂姜与黏土混杂，干时坚硬。耕作层颜色灰褐，屑粒状结构，耕作层下有时出现 10 cm 左右的犁底层。

（2）石灰性砂姜黑土。石灰性砂姜黑土亚类面积 $1.60 \times 10^4 \ hm^2$，占全省土壤面积的 0.1%。主要分布在宁晋县的北渔、柏乡县的北鲁、隆尧县的山口、任县的娘娘洼一带，容城、安新、徐水、新城、定兴、博野等县的扇缘洼地，三河县西杨庄、三福庄，香河县梁家务三百户村，玉田县、丰南县等地。

石灰性砂姜黑土全剖面有石灰反应，碳酸钙含量一般在 10% 以上。主要由于山地丘陵富含石灰的物质被侵蚀冲刷，经河流搬运在低平原沉积。

（3）盐化砂姜黑土。地下水为 Ca^{2+} 型，矿化度较高（3~5 g/L）。旱季地面返盐，以 NaCl 为主，Na_2SO_4 次之。不含 Na_2CO_3，呈中性反应，分布于滨海平原内侧的交接洼地，其形成与海水浸渍有关。

（六）改良与利用

砂姜黑土的低产因素是多方面的，因此必须采取综合治理措施，同时开发与合理利用紧密结合，才能充分发挥资源优势，提高效益。其主要开发与治理途径为：

排灌结合，旱涝兼治，开发地下水资源，发展旱作并补充灌溉。

调整粮食作物和经济作物的种植结构，做到合理轮作换茬。

大量元素肥料与微量元素肥料结合，科学施肥，争取均衡增产。

农牧结合经营，提高土壤有机质含量，更新腐殖质，抑制土壤的胀缩性。

根据水源和地势条件，适当发展水稻种植。砂姜黑土的综合治理和开发利用，均需因地制宜和因时制宜。所谓因地制宜，就是要根据砂姜黑土的特性及所在地的实际情况，制定适当的计划和采用适宜的措施。所谓因时制宜，就是要考虑各地砂姜黑土所处的不同治理阶段，分别制定适当的计划和采用适当的措施。

五、草甸土

河北省草甸土面积 7.00×10^4 hm²，占全省土壤面积的 0.42%。草甸土分布于北部冷湿的低平地，地下水位较高，参与成土过程，生长草甸植被或湿生草类，多开辟为农田，常与沼泽土、盐碱土形成复区。表层腐殖质层，有机质含量 2%～3% 或大于 3%，下部为氧化还原层和潜育层。

（一）成土条件

地貌条件低平或低洼，地表水汇集，排水不畅，地下水位较高，地下水埋深 1～3 m，雨季 0.5～1.0 m，一年中有半年左右土体处于水分饱和状态。在地下水矿化度＞2 g/L 地区，易发育成盐化草甸土。

植被类型主要为中生-湿生型和以莎草科为主的草甸草本植物，主要有委陵菜、车前、蒲公英、金莲花及莎草科植被。成土母质多系近代河流、湖相沉积物，草甸植被每年遗留大量的残体，形成草甸层。由于冻融交替，草甸层下受流水的切割，被分割成大大小小的草墩。

有机质含量高达 50 g/kg 以上，耕层有机质可达 20 g/kg 左右。土壤 pH 6.5～7.0。腐殖质组成中，胡敏酸略高于富里酸，比值为 1.1 左右。

（二）成土过程

（1）土壤有机质累积作用。草甸植物根系密布表层，下层分布稀少。根系穿插与每年的干湿和冻融交替作用下，形成水稳性的团粒结构，土体上部是团粒较好的深厚腐殖质层。

（2）季节性氧化还原交替作用。草甸土的地下水位升降频繁，雨季土体水分接近饱和时，常进行着还原作用，铁锰氧化物呈易溶还原态，随毛管水移动。旱季地下水位下降，失水土层又进行氧化作用。

（三）剖面形态

草甸土的剖面构型为 Ah - BCr/Cr 型，一般分为两个基本发生学层次，即腐殖质层（Ah）及锈色斑纹层（BCr 或 Cr）。

（1）腐殖质层（Ah 层）。一般厚度 20～50 cm，少数可达 100 cm。因有机质含量不同而呈暗灰至暗灰棕色，根系盘结。质地取决于母质，多为屑粒状结构，矿质养分较高，可分为几个亚层及过渡层等。

（2）锈色斑纹层（BCr/Cr 层）。有明显的锈斑及铁锰结核，腐殖质含量少，颜色较浅，质地变化较大，与沉积物性质有关。

（四）理化性状

土壤水分含量高，毛管水活动强烈，有明显季节变化，旱季为水分消耗期，雨季为水分补给期，冬季为结冰期。土壤水分剖面自上而下一般分为易变层（0～30 cm）、过渡层（30～80 cm）和稳定层（80～150 cm）。

腐殖质含量较高，自西而东、自南向北逐渐增加，西部干旱草原地带的草甸土一般为 20～40 g/kg，低者仅 10～20 g/kg。土壤腐殖质组成以胡敏酸为主，HA/FA 比值较大。

（五）主要亚类

河北省草甸土分为典型草甸土、石灰性草甸土、潜育草甸土和盐化草甸土 4 个亚类。

（1）典型草甸土。河北省典型草甸土面积 1.0×10^4 hm²，占全省土壤面积的 0.06%。分布于承德地区坝上河谷和"海子"周边，通体无石灰反应，pH 6.5 左右。

（2）石灰性草甸土。河北省石灰性草甸土面积 1.91×10^4 hm²，占全省土壤面积的 0.12%。分布于张家口、承德坝上湖淖周边、下湿滩地。通体有石灰反应，pH 8.0 左右。腐殖质层 20 cm 左右，有机质含量低于 50 g/kg，耕层有机质含量 8～15 g/kg。

（3）潜育草甸土。河北省潜育草甸土面积 0.87×10^4 hm²，占全省土壤面积的 0.05%。分布于坝上下湿滩，与沼泽土毗邻。地表季节性积水，地下水埋深 1.5 m 左右。生长两栖蓼、报春花、马兰、委陵菜等，覆盖度 90% 以上，草根密集形成塔头墩子。草根层下面为锈纹锈斑层，近地下水面处可见蓝色潜育层。

（4）盐化草甸土。盐化草甸土形成受地下水常年上下活动的影响，积盐过程和草甸过程相伴进行，以积盐过程为主。土壤积盐状况各地差异很大，愈干旱积盐愈重，积盐层或盐壳愈厚。表层有一定数量的有机质积累，底土有明显的锈色斑纹。

（六）利用与改良

草甸土供水供肥较好，适种性广（如小麦、玉米、高粱、大豆、棉花、甜菜、马铃薯和各种蔬菜），产量较高而稳定。城乡周围的草甸土已全部垦为农田，成为粮菜生产基地。草甸土草类资源丰富，产草量高而稳定，草质好，是理想的放牧地。

草甸土主要的利用改良措施有：

加强培肥，草甸土连年耕种后，有机质含量降低，肥力下降。应注意均衡施肥，尤其要施用有机肥料和氮、磷肥料。

防洪排涝，潜育草甸土和盐化草甸土春季地温低或返盐重，影响作物发苗，雨季又因洪涝而减产，故应加强农田基本建设。如平整土地，修建灌排渠系和台田、条田，筑防洪堤，防止涝害、盐害、洪害，以稳定产量。

防治盐碱，耕种的盐化草甸土应采取修建灌排渠系、压沙换土、增施有机肥、应用化学改良剂等措施进行改良。盐化草甸土一般可采用保护草地植被等措施，建设"草库伦"，实行轮牧，防止过度放牧。

第三节　初 育 土

初育土土纲的主要土类包括新积土、风沙土、红黏土、石质土、粗骨土。

一、新积土

河北省新积土面积 7.45×10^4 hm²，占全省土壤面积的 0.45%。新积土母质是各种河流冲积物、洪积物、塌积物。土壤表层无腐殖质层，土体无剖面发育，沉积层次明显。

（一）成土条件

新积土的母质是近代河流、湖泊、海洋沉积物，山区塌积物、洪积物。沉积物颗粒的大小及分选性的好坏与水流速度、沉积地形部位有密切关系。河床两旁滩地、冲积-洪积扇和坡积裙顶部区水流速度大的地方，地形高低不平，沉积物的质地粗，多石砾、粗砂等粗粒物质，分选性也差；水流进入冲积-洪积扇的中部、下部和河流泛滥平原，因地形平缓，流速减缓，沉积物多粉粒，并含有一定的细砂和黏粒，质地多壤质，颗粒分选性也好；中央泛滥地区，地形低平，流速缓慢，挟带的颗粒物质以粉粒、黏粒为主，还常带有一定量的腐殖物质。每次洪水流速、流量不同时，挟带泥沙成分和数量不同，使泛滥平原沉积呈砂黏相间层理。沉积物的矿质组成还与不同流域洪水挟带物质的性质有关。

（二）成土过程

（1）有机质积累过程。由于所处气候地形条件不同，气候冷凉、地下水位较高，通气性差，土壤有机质分解作用就弱，有利于土壤有机质的积累；而在气候暖热、砂质、通气性好的土壤，有机质分解作用旺盛，有机质积累作用更小。

（2）潴育化过程。每年受雨季旱季季节交替的影响，若雨季地表洪水多，土壤水分充足，土壤中易溶矿物质及细粒容易下移，地下水位的升高常使土体下部为水饱和，出现还原条件和厌氧分解作用；进入旱季，降水和地表水减少，地下水位下降，上部土壤随着干燥过程的发展，易溶矿物质向表层聚积，土体内则呈氧化条件，产生好氧分解作用。

由于新积土发育年龄短，土壤有机质含量不高，无明显的腐殖质层，盐渍化和潜育化过程一般不明显；但气候干旱、高矿化地下水地区和地形低洼处发生盐渍化；富含有机质以及土壤下部长期为水饱和的则有潜育化特征。

(三) 剖面形态

新积土的剖面构型为 AC-C-Cr 型。

(1) AC 层。颜色淡黄或灰棕，砂壤质或壤质，可能含侵入体或砾石，洪水淤积可见层理。

(2) C 层。沉积层次，氧化还原现象不明显。

(3) Cr 层。氧化还原层，有大量锈纹，有时有软铁子，有轻度潜育化。

新积土成土时间短，土壤发育不明显，剖面一般没有明显的发生层次，剖面性状基本承袭了母质的特点：一是剖面大多具有明显的沉积层次，土体构型复杂；二是组成物质粒级差异很大，大多含有砂砾石，质地复杂；三是不同地区或同一区域内各剖面有效土层厚度差异很大。

(四) 理化性状

表层有机质平均含量 0.18%，全氮 0.023%，全磷 0.091%，全钾 2.16%，有效磷 1.5 mg/kg，速效钾 9.3 mg/kg。海河流域冲积土碳酸钙含量 2.5%～8.0%，滦河流域冲积土碳酸钙含量 <0.25%。

(五) 主要亚类

河北省新积土包括典型冲积土 1 个亚类。

(六) 利用与改良

新积土的肥力和生产力相差很大，主要取决于所处的地形部位、质地砂黏性、细土层厚度、地下水位高低、洪水次数和淹没时间等。采取一定的改良保护措施后，大多数新积土可建成比较集约化的高产稳产农牧业基地。常用的改良保护措施如下。

建筑防洪防潮堤，以防止洪水淹没农田。

搞好农田基本建设，如平整土地，建立灌排系统，以调节农田水分，消除旱、涝、盐、碱。

对过砂过黏的新积土，要因地制宜地采取调节措施。如对表土过砂过黏而下层有黏质层和砂层的土壤，可以翻出下部土层就地拌匀改良，也可用邻近适宜土壤客土改良。对砂质土可施用黏质土积制的农家肥；相反，对黏质土可施用砂质土积制的农家肥。对于大面积过砂过黏的新积土应强调合理利用，砂质土宜植树造林、种植果树和适生作物（花生、甘薯等），黏质土宜种植水稻、小麦、玉米或发展优质饲草。离村庄较远的新积土可用作割草场和放牧场，发展畜牧业，同样可获得好的经济效益。

在施肥管理上，新积土除施用氮、磷化肥外，对砂质土还应适当施用钾肥，重施农家肥，以培养地力。

二、风沙土

河北省风沙土面积 18.28×10^4 hm²，占全省土壤面积的 1.11%。风沙土母质为砂质风积物，无剖面发育或发育微弱。

河北省风沙土分布比较集中，主要分布于冲积平原的古河道和河流两侧、滨海河流入海口及沿海岸带，承德、张家口坝上与张家口坝下洋河流域黄羊山山麓和围场附近山地。平原和滨海的风沙土沙源主要来自河流携带、沉积和近距离的风搬运、堆积；坝上高原的沙源，一是来自当地次火山岩风化物，二是来自浑善达克沙地。

（一）成土条件

（1）气候。风沙土分布区的日温差、年温差变化剧烈，岩石以物理风化为主，化学风化微弱，故风化物多砂粒，这为风沙土提供了丰富沙源。

（2）母质。成土的母质是风成沙，是从冲积物、湖积物、洪积物、坡积物和岩石风化物等的砂粒吹蚀堆积而成。风沙土常以固定、半固定沙丘出现，高几米到 30 m，甚至百米以上。

（3）植被。风沙土的植被稀疏、低矮，具耐旱、耐瘠、耐风沙特点，主要有黄柳、羊柴、冰草、胡枝子、锦鸡儿、叉子圆柏、山杏、榆树、樟子松等。

（二）成土过程

风沙土区植被类型多为深根、耐旱的木质化灌木、小半灌木，每年地上部死亡。由于气候干旱，枯枝落叶分解十分微弱。尽管植被稀疏，但对固定土壤起着十分重要的作用。风沙土的形成始终贯穿着风蚀、堆积过程和植被固沙的生草化过程，这两者互相对立往复循环，从而推动风沙土的形成与变化。成土过程很不稳定，常被风蚀和沙压作用打断，再加上粗质地有碍土壤的发育，因此，风沙土发育十分微弱，很难形成成熟完整的土壤。风沙土的形成大致分为以下 3 个阶段。

（1）流动风沙土阶段。风沙母质含有一定的养分和水分，为沙生先锋植物的滋生提供了条件，但因风蚀和沙压强烈，植物难以定居和发展，生长十分稀疏，覆盖度小于 10%，常受风蚀移动。土壤发育极微弱，基本保持母质特征，处于成土过程的最初阶段。

（2）半固定风沙土阶段。随着植物的继续滋生和发展，覆盖度增大，常在 10%～30% 之间，风蚀减弱，地面生成薄的结皮或生草层，表层变紧，并被腐殖质染色，剖面开始分化，表现出一定的成土特征。

（3）固定风沙土阶段。植物的进一步发展，覆盖度继续增大，通常大于 30%。除沙生植物外，还渗入了一些地带性植物成分，生物成土作用较为明显，土壤剖面进一步分化，土壤表层更紧，形成较厚的结皮层或腐殖质染色层，有机质有一定的积累，颜色带灰，弱团块状结构，细土粒增加，理化性质有所改善，具备了一定的土壤肥力。固定风沙土的进一步发展，可形成相应的地带性土壤。

（三）剖面形态

风沙土的剖面构型为 A - C 型。

（1）腐殖质层（A 层）。生草-结皮层或腐殖质染色层，厚度 5～30 cm 或更厚，片状或弱团块状结构，砂土或砂壤土，根系较多。

（2）母质层（C 层）。砂土，单粒结构。

（四）理化性状

由于风力的分选作用，风沙土的颗粒组成十分均一，细砂粒（0.25～0.05 mm）含量高达 80％以上。因植物的固定、尘土的堆积和成土作用，半固定、固定风沙土的粉粒和黏粒含量逐渐增加，可达 15％左右。随着有机质和黏粒的增加，土壤结构改善，微团聚体增加，容重减小，孔隙度提高。半固定和固定风沙土由于植物吸收与蒸腾，上层土壤水分含量更低。

风沙土有机质含量低，一般在 1～6 g/kg，长期固定或耕种的风沙土可达 5 g/kg 左右。土壤钾素丰富，氮、磷缺乏，阳离子交换量 2～5 cmol/kg，供肥能力差，土壤贫瘠。pH 在 8～9 之间，呈弱碱至碱性反应。石灰和盐分含量地域性差异明显，东部草原地区一般无石灰性，并有盐分积累，特别是荒漠地区有的已开始出现盐分和石膏聚积层。

风沙土矿物组成中，石英、长石等轻矿物占 80％以上，重矿物含量较少，但种类较多，主要是角闪石、绿帘石、石榴石和云母类矿物。

（五）主要亚类

风沙土包括草甸风沙土和草原风沙土 2 个亚类。

（1）草甸风沙土。河北省草甸风沙土面积 9.77×10^4 hm^2，占全省土壤面积的 0.59％。分布在平原沿河两岸及故河道处，分流动、半固定、固定 3 个土属。

（2）草原风沙土。河北省草原风沙土面积 8.51×10^4 hm^2，占全省土壤面积的 0.52％。分布于坝上低丘和滩地，地表可见稀疏树木草灌，以馒头状沙丘为主。

（六）利用与改良

受自然条件和水源的限制，大部分风沙土仍处于未利用状态。改良风沙土的基本要求是制止风沙土的流动，保护与之相邻的农田不受破坏。各种改良措施宜配合进行，相辅相成。

三、红黏土

河北省红黏土面积 0.19×10^4 hm^2，占全省土壤面积的 0.01％。

零星分布于冀东低山丘陵和太行山低丘。

(一) 成土条件

红黏土母质为第三纪及第四纪初期的红色黏土，包括原生残积物和堆积物，土层深厚，发育不明显。表土层红棕或褐棕色，黏质，核状或碎块状结构，不显或略显石灰反应。下层红棕，黏重，块状或棱块状结构，结构面上可见胶膜，坚硬，一般无石灰反应。发育在灰岩上的红黏土，夹砾石、石块与基岩过渡较明显。

(二) 成土过程

(1) 风化作用。在风化过程中，岩石中暗色矿物（黑云母、辉石、橄榄石等）不稳定，容易被氧化分解，形成高岭石、三水铝石及游离铁质等；浅色矿物（石英、长石、白云母等）也因风化作用形成了相应的风化产物，如高岭石簇矿物、伊利石、蒙脱石、碱的真溶液及硅胶等；岩石中含铁的硫化物、氧化物、碳酸盐等经氧化、碳酸化及水解作用后形成游离铁质与酸性水溶液。在酸性水介质中，游离铁、铝胶质、高岭石等在静电作用下，联结成多孔含水并被铁（铝）质所包裹，表面粗糙不平，呈不规则的结构单元体。

(2) 微团粒化作用。当呈整体胶结状态的红黏土遇高温干燥的气候条件时，其内部因失水收缩出现裂缝。降雨时，水沿裂缝渗透，并借薄膜水的传递，使胶结联结作用减弱。随着这种干燥-降雨-干燥气候的循环往复，势必使红黏土向其结构单元体方向发展，而结构单元体因干燥失水逐渐硬化，最终使呈整体胶结的红黏土块体变成了由微细团粒与结构单元体组成的散粒红黏土。

(3) 成土作用。红黏土成土作用是以结构单元体为骨架通过结合水及接触式胶结物联结成蜂窝状红黏土，具有天然密度小、含水量高、孔隙比大、液塑限高、压缩性中至低、强度中至高的特性。

(三) 剖面形态

红黏土剖面构型为 A-C 型。

红黏土虽然土体较厚，但水土流失严重，有的只有较薄的 A

层，有的 A 层完全被侵蚀；人工开垦的虽有浅色耕作层，但均没有 B 层，多为 A-C 构型。

A 层土壤颜色为红棕色或红色，黏粒含量高，多达 30％～50％，高者达 60％以上。土体紧实，以棱状或大块状结构为主。

心土层（C）呈均匀棕红色至橙红色，厚达 1 m，质地黏重，轻黏土至中黏土，紧实致密，少孔隙，透水通气性均很差。

（四）理化性状

红黏土为碳酸盐岩系出露的岩石经红土化作用形成的棕红、褐黄色高塑性黏土。矿物成分主要为高岭石，并含一定量的蒙脱石和石英颗粒等，含水率为 10％左右，孔隙比为 0.5～0.7，塑性指数为 11～16。但是随隧洞开挖，其含水率不断增加，一般为 15％～22％。有机质含量低，多在 5 g/kg 以下。碳酸钙含量微弱，交换量较高，黏粒部分铁铝率 2.7 左右。

（五）主要亚类

河北省红黏土只包括典型红黏土 1 个亚类。

（六）改良与利用

红黏土质地黏重，有机质含量低，易旱，分布零星，管理粗放，坡度较大。无水源处应以种树、栽果或种草为主，坡度较缓、地块较大的应修埂筑埝，搞水平梯田，精耕细作，提高旱作单产。

四、石质土

河北省石质土面积 38.63×10⁴ hm²，占全省土壤面积的 2.34％。石质土岩缝处有稀疏的灌木或草丛。分布于石质山丘。在极薄 A 层之下，直接与基岩接触。常与粗骨土镶嵌分布，与裸岩并存。

（一）成土条件

（1）气候。在气候干旱和寒冷的地方，土壤中水分含量低或水分移动少，限制了母岩的风化作用和物质的淋溶及积累，也限制了土壤生物的生存及其成土作用。

（2）地形。山地和丘陵的陡坡地，土壤流失的速度等于或大于土壤发育过程中土壤物质生成的速度，人为破坏林草植被、滥伐滥垦，不合理利用土地都会加速水土侵蚀，冲刷土壤表层。

（3）母质。有些基岩（如石英岩）抗风化力强；有些基岩的风化产物容易溶蚀流失，风化物质积累少，不易发育为深厚土层，如含泥质、铁质较少的石灰岩。母岩受土壤形成因素作用时间过短，限制土体的发育，如山崩岩石碎块碎屑、新鲜的熔岩流，都发育为幼年石质土。

以上一些条件常限制成土过程的发展，不能形成深厚土体，没有淋溶淀积层，土壤侵蚀丧失了上部土层，最终成为发育不稳定的薄层石质土壤。

（二）成土过程

以物理风化为主要形成过程，可形成于各种气候条件下，只要在易受到侵蚀的地形部位，如山坡，就可能存在石质土。但在植被较好的地区，石质土也有一定生物积累作用，并且在水热条件好的地区还有一定的淋溶作用。

（三）剖面形态

石质土的剖面构型为 A-R 型。

石质土剖面由腐殖质层和基岩层组成。A 层浅薄，一般均小于 10 cm，A 层之下为坚硬的母岩层（R），土石界线分明。在局部植被较好的地段，可见 1~2 cm 的 O 层。

（四）理化性状

表层厚 10 cm 左右，淡灰棕色至棕色，砾质砂壤土至壤土。母岩的半风化碎块含量大，所含石砾多，棱角明显。有机质含量低（小于 10 g/kg），大孔隙多，漏水漏肥。

由表层向下岩石碎屑含量增多，粒径也越大，颜色转为棕色、红棕色，20~50 cm 以下为母岩。在整个土层范围内，有 1/2 以上土层大于 2 mm 的石砾或碎屑含量在 70% 以上。

石质土的化学性质与气候条件及母岩性质有关，湿热地区石质土都呈酸性，盐基饱和度低，黏土矿物为水云母、高岭石。干旱、半干旱地区及发育于石灰岩、基性岩的都呈微碱性，黏土矿物以蒙脱石、水云母为主。总体来说，石质土黏粒含量极低，阳离子交换量很小。

（五）主要亚类

河北省石质土有酸性石质土、钙质石质土和中性石质土 3 个亚类。

（1）酸性石质土。河北省酸性石质土分布于花岗岩类山地，面积 6.98×10^4 hm²，占全省土壤面积的 0.42%。生长稀疏草灌，多砾石，目前为荒山。

（2）钙质石质土。河北省钙质石质土面积 26.74×10^4 hm²，占全省土壤面积的 1.62%。分布于各种灰岩、钙质页岩山丘。地表生长稀疏草灌，目前为荒山。

（3）中性石质土。河北省中性石质土面积 4.92×10^4 hm²，占全省土壤面积的 0.30%。分布于基性岩、中性岩、泥质岩山丘。地表植被稀疏，只能封山育草。

（六）改良与利用

石质上多分布于山丘顶部陡坡，地势陡峻，水蚀风蚀严重，地表岩石裸露，土层浅薄，含岩石碎屑、砂粒多，保水保肥力差，无农业利用价值。应以封山为主，严禁樵采、过度放牧、盲目采石等，以恢复和保护自然植被，减少径流，涵蓄水源，固土保水，控制沙化、石质化，改善生态环境，促进土壤发育，保护周围农田。在利用上应纳入水土保持统一规划，综合治理。营造水土保持林，应根据不同生物种类、气候条件，选择速生、覆盖面大、浅根性、耐旱耐瘠的适生树种，采用沿等高线挖鱼鳞坑等的栽植方法，在土层逐年增厚的基础上，因地制宜适当培植经济林木，发展适生的名优特产。在交通方便的地方，还可采取保护措施，有组织地开设采石场，支援经济建设。

五、粗骨土

河北省粗骨土面积 145.16×10^4 hm²，占全省土壤面积的 8.81%。主要分布于石质山丘。土层浅薄，颗粒粗糙，砾石含量 $\geqslant 30\%$。

(一) 成土条件

粗骨土存在于不同的气候条件，自然植被多种多样，可发育于各种基岩，其成土条件、成土过程基本同石质土。在容易发生物理风化的岩石（如花岗岩、片麻岩、砂页岩、页岩、片岩）风化物及碎屑层厚的母质上，发育更为广泛，都为山地丘陵陡坡地形，虽有森林及草本植物保护，但在重力作用及雨季降水和径流冲洗下，土壤细颗粒和养分元素流失多，土壤物质积累速度慢，也限制土壤中淀积作用的发展。

风化岩层松散处生长稀疏洋槐、油松、山杏、杨等。

(二) 成土过程

土壤长期处于幼年状态，具有一定的生物累积作用。人为破坏自然植被，尤其是滥伐滥垦，更加重了水土流失，表层土壤多遭不同程度的侵蚀，裸露出亚表土或心土层，被移运的土粒及风化碎屑物质常堆积于坡地下部平缓地带，形成深厚的粗骨土，厚度常超过 1 m。

(三) 剖面形态

粗骨土剖面构型为 A-C 型。风化壳松散，以山地的阳坡、丘陵顶处居多，侵蚀严重，薄腐殖质层以下为不同厚薄的风化岩层。

(四) 理化性状

粗骨土的理化性状与母岩风化物的性质密切相关，>2 mm 的砾石占优势。土壤细粒部分的质地可从砂土到黏土，土体反应酸性、中性及石灰性均有，pH 4.5～8.5。土壤有机质含量多数在 20～25 g/kg，低的 1 g/kg 左右，高的可达 40 g/kg 以上，这与植被生长疏密有关，一般林地比草地高，自然土比耕作土高。全磷含量平均为 0.5 g/kg 左右，全钾在 20 g/kg 以下，速效养分含量不高。硅质岩形成的粗骨土特别贫瘠。

(五) 主要亚类

河北省粗骨土按其基岩风化物的组成特点，可分酸性、中性、钙质 3 个亚类。

(1) 酸性粗骨土。面积 90.89 万 hm²，占全省土壤面积的

5.51%。基岩以酸性花岗片麻岩为主，还包括混合岩、次火山岩。在这类基岩风化物上发育的粗骨土，风化层厚度随侵蚀程度、植被覆盖状况而异，一般为 10～15 cm，厚者可达 50 cm 左右。土层较厚的，生长油松、山杏、桦、栎或枣树，多为荒山荒坡，其上生长稀疏草灌。酸性粗骨土风化层较厚，比较疏松，立地条件较好，人工造林成活率较高，种植草灌较为合适。

（2）中性粗骨土。面积 28.30×10^4 hm²，占全省土壤面积的 1.72%。母岩为玄武岩、闪长岩、辉长岩和安山质次火山岩及泥质岩类风化物。在河北省太行山区、坝头山地零星分布。中性粗骨土质地一般比酸性粗骨土黏，土层浅薄，可先封山育草。

（3）钙质粗骨土。面积 25.97×10^4 hm²，占全省土壤面积的 1.58%。包括各种石灰岩、钙质页岩的风化物。由于石灰岩的风化是以化学溶解作用为主，碳酸钙溶解淋失，不溶于水的氧化硅、氧化铁、氧化铝和细土粒混杂，残留于地表，土层薄、微红，较黏重。土壤和母岩界限清晰，侵蚀严重，黏细土粒多被冲走，以褐棕色（5YR2/2）为主，多砾壤土，下接石灰岩碎屑，石灰反应明显。钙质粗骨土土石界限明显，应提倡封山育草、育林。

（六）改良与利用

粗骨土分布在山地和丘陵坡地。土壤富含石英砂粒和其他碎屑物质，一旦破坏自然植被出现地表径流时，其侵蚀切割力特别强。在利用上应该加强水土保持，以保护土壤资源为原则。陡坡地应严格保护自然植被，发展多年生林木或种草，在坡地中、下部地形平缓土层较深厚处，水肥条件较好，采用等高种植、培地埂、修建水平梯田等水土保持措施的基础上，施用绿肥、农家肥。培肥土壤后，可以种植苹果、梨、葡萄、山楂、板栗、核桃等果树和花生、豆类、玉米、甘薯、马铃薯等作物。

第四节　人　为　土

人为土土纲主要包括灌淤土和水稻土。

一、灌淤土

河北省灌淤土面积 8.45×10^4 hm²，占全省土壤面积的 0.51%。主要分布于张家口坝下洋河、桑干河河谷的怀安-万全、张家口-宣化、怀来-涿鹿等盆地。

(一)成土条件

灌淤土的气候特点是光热充足，但干旱条件下没有灌溉就不能栽培农作物或农业生产极不稳定。地形平坦，可引水灌溉，水流中含有大量泥沙。土壤形成的主导作用为灌水落淤、淋洗与耕种培肥，两者紧密结合，逐步形成一定厚度的灌淤层。灌淤土的下伏母土类型较多，如冲积土、潮土、潜育土及当地的地带性土壤等。下伏母土对灌淤土的影响主要有两方面：一是下伏母土与灌淤层底部相掺混；二是母土原有的成土作用，在成土条件改变不大或灌淤层较薄时，仍继续对灌淤土产生影响。常见的附加成土作用有氧化还原和盐化等。

(二)成土过程

灌淤土是人为灌水落淤和耕作施肥条件下形成的土壤，具有灌淤熟化土层，厚度 30～50 cm。灌淤层呈鳞片状结构，质地均匀，不显沉积层次，深受施肥影响，伴有煤渣、瓦片等侵入体。

(三)剖面形态

灌淤土剖面构型为 Aup - Bu - Cb 型，剖面形态比较均匀，上下无明显变化。可分为灌淤耕层、灌淤心土层及下伏母土层 3 个层段，前两个层段合称为灌淤土层。

(1)灌淤耕层(Aup 层)。一般厚度为 15～20 cm，多属壤质土，灰棕或暗灰棕色，疏松，块状或屑粒状结构。

(2)灌淤心土层(Bu 层)。厚 50 cm 左右，有的大于 100 cm，甚至大于 200 cm，淡灰棕或灰棕色。质地多属壤质土，较紧实，块状结构，有的呈鳞片状结构。有较多的孔隙及蚯蚓孔洞，蚯蚓排泄物较多。常见人为侵入体，不见沉积层次。

(3)下伏母土层(Cb 层)。即被灌淤土层所覆盖的原土壤层。

因灌淤土多分布于洪积冲积平原，故下伏母土层多为不同的洪积冲积土层。

（四）理化性状

灌淤土具有厚度等于或大于 50 cm 的灌淤层，此层虽为灌水落淤物质，但因耕种搅动而不见沉积层次。将灌淤层土样在水中浸泡 1 h 后，在水中过 0.18 mm 筛，筛面上留有较多的层片状土块，在放大镜下可见片状微层理。

同一剖面的灌淤层，颜色、颗粒组成、土壤质地、碳酸钙及有机质含量较均匀一致。土壤质地多为壤土与粉质壤土，块状或粒状结构，疏松多孔，自上而下容重增大，总孔隙度减少。

灌淤耕层有机质平均含量为 10～13 g/kg，向下渐低；灌淤底层不低于 4 g/kg。全氮、碱解氮、有效磷与钾等在剖面中也呈上高下低趋势。全剖面富含碳酸钙，一般含量为 100～140 g/kg。有时自上而下有石灰质假菌丝体，未形成钙积层。石膏及可溶盐含量低。pH 多为 8.0～8.6。阳离子交换量多为 7～20 cmol/kg。

黏土矿物以水云母为主，次要矿物有绿泥石、蒙皂石及高岭石等。

（五）主要亚类

河北省灌淤土分为典型灌淤土、潮灌淤土和盐化灌淤土 3 个亚类。

（1）典型灌淤土。面积 6.24×10^4 hm²，占全省土壤面积的 0.38%。分布于怀安盆地、张宣盆地和涿鹿盆地的河谷沿岸低阶地，地势较高而平缓，灌排工程配套。地下水埋深 5 m，不参与成土过程。土层深厚，质地适中，无障碍层次，土色暗灰棕，耕层有机质含量平均为 1.2%，土壤养分含量较高，肥力性状较好。

（2）潮灌淤土。面积 0.47×10^4 hm²，占全省土壤面积的 0.03%。分布于涿鹿桑干河低阶地，张家口市宣化、下花园洋河滩地。地下水埋深 2～3 m，浸润土体，氧化还原季节交替，心底土层可见锈纹锈斑。

（3）盐化灌淤土。耕层有易溶盐积聚，全盐量等于或大于

1.5 g/kg。本亚类受盐化影响，农作物生长不良或缺苗。

（六）改良与利用

灌淤土是干旱、半干旱区的一种高产土壤，适宜种植多种粮食及瓜果、蔬菜、棉花、胡麻等经济作物，产量高，品质好。高质量的灌溉技术是提高灌淤土生产力的基础，必须搞好灌区农田基本建设，做到土地平整、沟渠配套、灌排畅通，实行合理灌溉。要适当深耕，增厚耕作熟化层，每年施用厩肥及秸秆等优质有机肥料，配施氮、磷肥，以培肥地力和满足农作物生长期内的养分需要。潮灌淤土也有次生盐化威胁，其防治办法与治理盐化灌淤土相同，采用明沟、竖井及暗管等排水措施，控制地下水位于临界深度以下。

二、水稻土

河北省水稻土面积不大，零星分布于滨海国有农场、山麓平原冲积扇末端交接洼地以及河谷两岸。种植年限长的始于晋代，迄今已有 1 600 年，短的也有 30 年左右的种稻历史。全省水稻土面积 4.90×10^4 hm²，占全省土壤面积的 0.3%。

（一）成土条件

水稻土形成需要具备以下 3 个条件。

建立田面灌溉水层，需在原土壤基础上平整土地，围埂建田。建田方式因地而异，近河湖的洼地可修筑圩田，丘陵山区修筑梯田，平原修平田等。

修建灌排渠系，按照水稻生长的要求，在生育期内调节灌溉。土体内常形成较强直渗水流或侧渗水流。

水耕与旱耕交替，水耕时间少者 80～90 d，多者 200 d，然后种植旱作物或者排水冬闲，土壤中还原与氧化条件亦交替进行。

（二）成土过程

（1）水耕表层土壤糊泥化。因长期水耕机械搅拌而使水田耕作层土壤原有结构破坏，变得无结构和糊泥化，在落干后常呈无结构或大块结构。耕作层的底部因机具的不断压实而形成比上部紧实黏重的犁底层。

（2）机械淋洗作用。水稻土接纳的灌溉水量一般高出旱耕地数倍至数十倍。每年每公顷灌溉几百到几千立方米水，有 20%～30%经土体渗漏而补给地下水或流入沟渠，这就形成了淋溶淋洗作用的稳定动力。

（3）氧化还原作用和化学淋溶作用。随着种稻期间的灌溉和排水过程，土体中氧化还原作用交替进行，促进了土壤中铁、锰等变价元素及水溶性元素淋溶淀积作用的发展。如淹水时期土壤因有机质厌氧分解而强烈还原，Eh 值下降，pH 升高，铁锰等变价元素呈还原溶解态随水下移，土色灰斑化，直到下层孔隙中遇到含氧空气而氧化淀积，形成杂色铁、锰锈纹锈斑。与此同时，土壤有机物质分解时产生的许多有机酸及醇类，也可与钙、镁、铁、锰等金属离子螯合，形成活动性强的有机螯合物，可随重力水淋溶到渗育层及以下土层，淀积在结构体表面形成杂色胶膜。旱季耕作层排水落干后，进行明显的氧化过程，土壤中亚铁、亚锰和螯合态铁、锰物质随毛管水上升，在土粒表面或裂隙中浓缩氧化，并转化为铁锰锈斑，呈棕褐色，使耕层土壤斑纹化。除少数潜育水稻土外，一般水稻土不受永久潜水位的影响，其实质是在人工灌排影响下的假潜育化过程。

（4）离铁作用。在氧化还原交替与淋溶作用影响下，土壤黏粒表面的 Ca^{2+}、Mg^{2+} 等盐基离子，可被 Fe^{2+} 离子替代而淋失，吸附的 Fe^{2+} 离子变成 Fe^{3+}，呈氧化物沉淀，并在黏粒表面留下 H^+，H^+ 饱和的黏粒发生蚀变，形成累积硅酸粉末的白色土层。这一作用在侧渗条件强的水稻土中有明显反应。

（三）剖面形态

水稻土剖面构型为 Ap1 - Ap2 - Br - BCg - C 型。

河北省水稻土是水耕与旱耕交替形成的，既受耕作影响，还受灌溉渍水影响。完整的水稻土剖面具有下列发生层次。

（1）耕作层、淹育层（Ap1 层）。暗棕灰，水耕时为糊状，一般粒状结构或块状结构，较疏松，稻根处锈纹锈斑多。有时出现由有机质与铁结合而成鲜红棕斑块，形似"鳝血"。

（2）犁底层（Ap2层）。由犁具挤压成片状或扁平棱块状结构，紧实，锈纹锈斑及红棕色胶膜明显。

（3）渗育层（Br层）。位于犁底层之下，受灌溉水浸润淋洗影响形成，土色偏黄稍带灰色，干时呈大块状，棱柱状结构，垂直裂缝明显，结构体上可见少量锈纹、锈斑。

（4）潴育层（Br层）。土色较杂，含大量锈纹锈斑、铁锰结核，棱柱状结构。

（5）潜育层（BCg层）。为持久滞水层，土色灰蓝，糊状结构，通透性差，有硫臭味。

（6）母质层（C层）。具有原土壤的底土层特征。

（四）理化性状

由于还原条件加强和施用有机肥料，水稻土有机质含量有所增加，但其腐殖质的胡敏酸/富啡酸比值、芳构化程度和相对分子质量都降低。

土壤黏土矿物及阳离子交换量一般取决于原土壤，灌溉和施肥对土壤交换性盐基也有明显影响，原来盐基饱和甚至盐渍化、碱化母土中的盐基离子和可溶盐分淋溶，土壤趋向中性及弱盐渍化。原来酸性的不饱和母土，在施肥及获得灌溉水带来的盐基后，产生复盐基作用，土壤也趋向中性或弱酸化，并由表层向底层扩展。

铁锰的还原淋溶和氧化淀积是水稻土的重要特性，由于铁锰离子与水稻土中某些有机物的螯合作用，增强了铁锰在溶液中的浓度，使其在剖面中的移动更强，剖面自上而下各层 SiO_2/Fe_2O_3 在铁锰淀积层达到最低值。全剖面 SiO_2/Al_2O_3 比值则一般没有变化。

（五）主要亚类

河北省水稻土包括潴育水稻土、淹育水稻土、潜育水稻土、盐渍水稻土4个亚类。

（1）潴育水稻土。面积 $0.53×10^4$ hm^2，占全省土壤面积的 0.03％。分布于交接洼地、河间洼地、河谷阶地、滨海洼地，在唐山市唐海县（原柏各庄农场）及涿州百尺竿、唐县等地分布。排灌条件好，受地面灌水和地下水影响。土壤剖面 50～60 cm，有>20 cm 厚度的潴育层，呈棱块或棱柱状结构，有橘红色锈斑及铁锰新生体淀积。

（2）淹育水稻土。面积 1.05×10^4 hm²，占全省土壤面积的 0.07％。分布于冀东山麓平原、低丘、河谷平原阶地以及邢台、涿州等地。土壤脱离地下水的影响，水源不足，每年淹灌时间较短。种稻期间维持水层，水稻收割后地面落干。耕作层有锈纹斑，犁底层初步形成。不一定具备渗育层，母土特征明显。

（3）潜育水稻土。面积 1.05×10^4 hm²，占全省土壤面积的 0.06％，分布于地势低洼、排水不良的洼地、河滩地，地下水位较高，接近地表，潜育层明显，一般在 0.5 m 内就可出现。

（4）盐渍水稻土。面积 2.27×10^4 hm²，占全省土壤面积的 0.14％。主要分布于滨海盐土区，盐土经淡水冲洗，连年种稻，淹育层开始形成，地下水出现淡化层。

（六）改良与利用

根据水稻土类型、性质及耕作制度的不同，可采用不同的改良措施。

（1）治水改土。水肥气协调是培育肥沃水稻土的关键，水分状况可决定通气状况与养分有效性，治水是定向培育肥沃土壤的重大措施之一。对平原圩区水稻土，应采用合理的防洪排涝设施，以增加土体的通透性，常用的"三分开、一控制"原则是行之有效的。三分开是在一个圩区内，把内河水与外河水分开、高田与低田的排水分开（即高水高排、低水低排，以防高处水流集低处）、灌排系统分开；一控制是指抽排地下水以降低地下水位，这样不仅可有效防止旱作物受渍害，且可改善潜育水稻土的不良性状，使潜育层逐步消失。

（2）培肥改土。施肥特别是施用有机肥，可以改善耕层结构，提高肥力和增加产量。一般肥沃水稻土耕层有机质含量常在 2.5％～3.0％，若具有淀浆板结性质或僵性的土壤，增施有机肥后可以得到较快改善。

（3）轮作改土。合理轮作既可调节土壤中氧化还原过程，改善耕层结构，又可改进养分状况。水旱田轮作，豆科与禾本科作物轮作、套作都是有效的改土措施。水稻连作产生的黏闭犁底层和次生潜育化青泥层，可通过水旱轮作很快消除。

第五节　盐　碱　土

盐碱土土纲主要包括草甸盐土、滨海盐土和碱土。

一、草甸盐土

河北省草甸盐土的面积为 2.09×10^4 hm²，占全省土壤面积的 0.13%，零星分布在康保、曲周、巨鹿、深县等地。

(一) 成土条件

草甸盐土常与草甸土、潮土、沼泽土等呈复区存在。在土壤形成过程中，由于地下水或地表水参与，通过水的地表蒸发产生积盐过程，随着盐分不断向表土累积而形成盐土，其演化过程为：草甸土—盐化草甸土—草甸盐土，或潮土—盐化潮土—草甸盐土。

(二) 成土过程

由各种类型草甸土逐渐积盐演变而成。在其形成过程中，由于受地下水和气候条件影响，以积盐过程为主，附加生草（草甸）成土过程。草甸盐土剖面中除有明显的积盐层外，还具有草甸成土过程的特征，如表层有机质含量较高，呈浅灰或暗灰色，接近地下水位的心底土中常出现锈纹锈斑等。

(三) 剖面形态

土壤盐分积聚是一个简单的物理过程，所以盐土剖面形态以盐分积聚为标志。一般土壤剖面构型为 Az - Bz - Cr，盐分主要聚集于上层。

（1）Az 层。表层盐分积聚层，灰棕色（7.5YR4/6），有少量植物根系和腐殖质。

（2）Bz 层。具有柱状型或脱盐型盐分积聚特征，有一定的盐分结晶出现，特别是当有黏质土层和有 $CaSO_4$ 积聚的情况下更明显，石膏结晶颗粒直径可大至 0.2～0.5 cm。

（3）Cr层。具有氧化还原特征。

（四）理化性状

在 20～30 cm 土层以下，草甸盐土盐分突然降低，其盐分剖面组成颇似蘑菇云状。表层积盐形式有时形成盐结皮及盐壳。草甸盐土地下水矿化度低，黄淮海平原一般为 1～3 g/L。盐分组成的阴离子以硫酸根离子和氯为主，阳离子以钠为主，镁次之，钙少。pH 8.5 左右。草甸盐土养分含量低，未改良前，有机质含量一般 ＜10 g/kg，缺磷少氮。

（五）主要亚类

河北省草甸盐土亚类包括典型草甸盐土和碱化盐土 2 个亚类。

（1）典型草甸盐土。一般不经过草甸成土阶段，直接由于地下水强烈蒸发，表土强烈积盐发育而成。以积盐过程起主导作用，没有明显的其他附加成土作用的特征。地面裸露或仅生长稀疏的典型盐生植物，有的生长少量矮生芦苇，表土没有明显的腐殖质层。地面常起伏不平，极为干燥，具有不同程度的盐结壳，0～30 cm 土层平均含盐量一般大于 5%，高的可达 10%～30%，盐壳的含盐量达 40%～60%，甚至更高，向下常出现疏松的盐、土混合层。盐分组成以硫酸盐为主，含有大量石膏，剖面中常散布盐晶，有的形成盐晶聚积层或盐磐层，积盐层厚度可达 30～50 cm，这在其他盐土类型中少见。

（2）碱化盐土。以积盐过程为主，而附加碱化过程。在以碱性盐类为主的盐渍过程中，伴随积盐过程往往同时发生碱化作用。以中性盐类为主的盐土，在其频繁的季节性积盐和脱盐交替过程中，也会发生碱化作用，但仍以积盐过程为主，逐渐发育成碱化盐土。以上两种情况所形成的碱化盐土，其积盐层的盐分组成中，都含有一定数量的碳酸氢钠和碳酸钠，故又称苏打碱化盐土或苏打盐土。

（六）改良与利用

采取水利工程措施与农业生物措施相结合，通过灌溉排水或种植水稻，淋洗土壤盐分，调控地下水位，并结合平整土地，增施有机肥料或种植翻压绿肥和播种饲料作物，合理轮作，间套种等农业生物技术措施，不断提高土壤肥力，合理开发利用调配各项水资源，实行农、林、牧、副、渔合理配置，就可逐渐达到改良利用盐土的目的。

二、滨海盐土

滨海盐土沿渤海湾呈带状分布。滦河口以东，秦皇岛昌黎一段较窄，约数千米；唐海、丰南、黄骅等地较宽，为 20～40 km。全省滨海盐土面积 20.33×10^4 hm^2，占全省土壤面积的 1.23%。柏各庄农场建场 26 年，共生产粮食 1.4×10^8 kg，提供商品粮 5.3×10^8 kg。新中国成立以来，在滨海盐土上兴建了数个大型国有农场，取得良好的改良利用效果。

（一）成土条件

气候条件是春季少雨、干旱，夏季多雨，年平均气温 10.2～12.1 ℃，年平均降水量 550～650 mm，7—8 月降水量最多，占全年降水量的 65% 左右，年蒸发量 1 550～1 850 mm，无霜期平均180～190 d。渤海湾是中生代和新生代沉降形成的盆地，基底为寒武纪变质岩，由于长期缓慢下沉堆积成陆地，第四系厚 300～500 m，下为河相堆积，上为河、海交互作用的三角洲与海相堆积。

（二）成土过程

盐分的地质沉积阶段，由于高矿化海水的不断浸渍，近海沉积的土体内富含大量易溶性盐类，一旦出水成陆地后，盐分开始重新分配，并向地表聚集。

盐土形成阶段，随着高等植物的出现，盐渍淤泥便发育成滨海盐土。

（三）剖面形态

滨海盐土的剖面形态构型为 Az－Bz－Crz 型。滨海盐土在其形成发育过程中，受综合自然条件和人为活动的影响，导致土填盐分在剖面中的积累和分异发生差异，因而形成表土层积盐、心土层积盐和底土层积盐 3 种基本积盐动态模式，或组合成复式积盐模式。因此，滨海盐土剖面积盐的特点是：剖面中的积盐层可以只有一层,也可以是多层;积盐层不仅盐分含量高,而且层位较深。

(四)理化性状

滨海盐土的养分状况,除与母质原始养分状况相关外,还受后期土壤发育的环境条件和发育程度的深刻影响。典型滨海盐土表层有机质含量一般在 10 g/kg 左右,其中滨海潮滩盐土亚类,全剖面基本尚未形成有机质积累层,上、下层多呈均态分布,且表土层含量有的可低到 3 g/kg 左右。滨海盐土的整个土体中,钾素含量,特别是速效钾比较丰富,为 780~980 mg/kg,有效磷在 3~10 mg/kg。微量元素含量,多数情况是硼、锰相对丰富,锌、铁、铜比较贫乏。

(五)主要亚类

滨海盐土包括典型滨海盐土和滨海潮滩盐土 2 个亚类。

(1)典型滨海盐土。河北省典型滨海盐土面积 9.70×10^4 hm²,占全省土壤面积的 0.59%。分布在距海面较远、地形较高、海拔 3~4 m 的地带。现已摆脱海水侵袭的影响,受自然降雨淋洗,土壤盐分逐渐降低。生长马绊草、补血草、盐蒿等植物。

(2)滨海潮滩盐土。河北省滨海潮滩盐土面积 10.63×10^4 hm²,占全省土壤面积的 0.64%。滨海潮滩盐土不断受海潮侵袭,海潮浸淹过程中带来了大量盐分,水分蒸发,盐分残留在土壤与地下水中,现仍处于盐分累积过程。

(六)改良与利用

筑堤建闸、开沟排水、种植绿肥、植树造林、间套轮作等都是滨海盐土有效的改良措施。引水种稻,能加速海涂的改良利用。

三、碱土

河北省碱土面积 1 903 hm²,占全省土壤面积的 0.01%。

(一)成土条件

碱土和碱化土壤主要分布范围:冲积平原的故河道两侧,如沧州肃宁、河间境内的潴龙河故道两侧、献县境内的滹沱河故道两侧,东光、南皮、盐山境内黄河故道东支与清河的故河道两侧，南运河两侧；平原洼淀周边，如白洋淀周边和东淀北侧；滨海平原的"洼中高"部位；坝上高原的内陆湖淖周边，闪电河河畔下湿滩地。

坝上高原湖淖周边及滩地的草甸栗钙土，腐殖质层以下土层富含苏打，存在碱化基础。近年来，植被破坏，风蚀水蚀加剧，腐殖质层变薄或消失，碱化加剧。

坝上下湿滩和冀西北桑干河、壶流河流域沿岸母岩多为次火山岩，风化强烈，铝硅酸盐类经水解后释放出钠质碳酸盐和重碳酸盐。

（二）成土过程

主要成土过程为土壤碱化过程，即土壤吸附钠离子的过程。在土壤溶液（或地下水）以碱性钠盐为主的情况下，积盐过程可同时发生土壤碱化过程。而当土壤溶液以中性钠盐为主时，虽然在积盐过程中有钠离子被土壤胶体吸附的现象，但因土壤溶液中有大量中性盐类的电解质存在，土壤吸附的钠离子不能解离而影响土壤的理化性质，故土壤一般不显示碱化特征。只有当中性钠盐盐渍土在稳定脱盐后，土壤才显示明显的碱化特征，形成碱化土壤。钠钙离子的交换是碱化过程的核心。

（三）剖面形态

碱土的剖面构型为 Ah-(E)-Btn-BCyz 型。

（1）有机质层（Ah 层）。暗灰棕（10YR4/3），有机质含量 10～30 g/kg（草甸碱土可高达 60 g/kg），为淋溶状态，盐分不多，但 pH 为 8.5 以上。

（2）脱碱层（E 层）。由于脱碱化淋溶，矿物胶体遭破坏，R_2O_3 向下淋溶，因而形成颜色较浅、质地较轻的脱碱层。

（3）碱化积聚层（Btn 层）。暗棕（7.5YR4/6），有柱状结构并有裂隙，质地黏重，紧实，往往有上层悬移而来的 SiO_2 粉末覆于上部的结构体外。

（4）盐分与石膏积聚层（BCyz 层）。一般有盐分与石膏积聚，但 pH 却较高。

（四）理化性质

河北省碱土多为荒地。表土灰白或灰褐（马尿碱），呈结壳状（结壳厚度 1～5 mm 居多），结壳背面有蜂窝状气孔。亚表土为灰或暗灰色，片状砂黏混合土层，心土可见棱块状或棱柱状结构的碱化层。再往下沉积层次明显，有锈纹斑。碱化土壤普遍呈斑状光板，干时结壳裂开，似瓦片灰白-灰色。碱化土壤碱化度大于 5%，碱土碱化度 40% 以上。一般含有苏打，坝上碱化土壤明显。

碱土和碱化土壤由于钠离子的分散作用，渗透力极差。柏各庄农场试验表明，碱化潮土的渗透率为潮土的 1/5～1/3。雨后或浇地后，表土吸水膨胀，水分难以下渗。沧州市肃宁县群众发现，盖房时用碱土撒在房顶，不用抹灰，房不漏雨。

（五）主要亚类

河北省碱土土类包括草甸碱土和盐化碱土 2 个亚类。

（1）草甸碱土。草甸碱土多为荒地，呈斑状分布的光板地，雨后地表板硬，有较多的细裂隙，不透水；微地形稍洼处黏粒随水集聚，混于水中经久不沉淀。水蒸发后，留下厚 1～5 mm 的瓦片状薄片。有的地方在瓦片上附有低等植物，雨后干燥呈黑色。地表长有稀疏的白花菜、剪刀股等或耐盐碱植物。微地形稍高起处，地表有灰白色粉细沙层。厚度一般为 0.5～1.0 cm，厚者可达 3 cm。粉砂层以下为一薄的结壳，厚 1 cm 左右，结壳背面蜂窝状气孔多且大。蜂窝气孔层下为一黏砂分散的混杂土层，厚度一般为 20～30 cm。

剖面中可溶盐含量一般不高，阳离子以钾、钠为主。碳酸根、重碳酸根与氯根、硫酸根之比为 2～3；苏打含量较高，pH 一般在 9 以上，高者达 10 以上。

（2）盐化碱土。分布于张家口坝上察汗淖等较大湖淖周边，张家口坝下阳原、蔚县桑干河、壶流河沿岸局部河滩处。地表高洼不平，灰白、红褐颜色交错，呈现"马尿碱"景观。由于盐分含量高，不显硬壳或硬坷垃，无柱状结构。土体内沉积层次明显，锈纹锈斑多。

（六）改良与利用

应根据碱土分布地区的自然条件，因地制宜采取综合措施，合理安排农、林、牧生产。碱土改良的中心任务在于降低交换性钠的含量，因为这是造成碱土 pH 高、物理性状不良、结构性和通透性差、矿质养分有效性低以及产生 Na^+ 和 OH^- 使植物致害的根源。通常采用下列化学改良措施：施用石膏、磷石膏和氯化钙等物质，作用是以其中的钙离子交换出碱土胶体中的钠离子，使之随雨水和灌溉水排出土壤。施用硫黄、废酸、硫酸亚铁等酸性物质，作用是中和土壤酸度，活化土壤中的钙，降低土壤溶液中毒害较大的碳酸钠盐类的浓度和提高某些矿质营养元素对植物的有效性。但各种化学改良方法必须与水利措施（灌水、排水）和农业措施（深耕、客土、施用有机肥料等）配合方能奏效。

第六节　钙 层 土

钙层土土纲包括栗钙土和栗褐土。

一、栗钙土

栗钙土广泛分布于河北省坝上高原，面积 127.74×10^4 hm²，占全省土壤面积的 7.75%。具有腐殖化和钙积化特征，栗色腐殖层有机质含量 15～35 g/kg，向下逐渐过渡，剖面中有明显的钙积层，通体石灰反应，pH 8～8.5。

（一）成土条件

（1）气候条件。河北省坝上栗钙土区（过渡地带）属于半干旱大陆性气候，气温低，年均温 2 ℃。昼夜温差大，风多，大风天可达 50 d 以上，灾害性天气多。结冰期 5～6 个月，降水量 350～440 mm。蒸发大于降水，相差 4～5 倍，降雨集中在 6—8 月。

（2）植被。栗钙土区气候条件的最大特点是缺水干旱，所以植被不茂盛。栗钙土的植被类型属于干草原，典型群落为禾本科真草原。真草原即典型草原，建群种由典型旱生植物组成，以针茅等丛生禾本科牧草为主，伴生有中旱生杂类草及根茎薹草，有时还混生旱生灌木或小半灌木。

（3）地形条件。河北省栗钙土主要分布在坝上地区。坝上属于内蒙古高原的南部边缘，即内蒙古台背斜的一部分。内蒙古台背斜自震旦纪以来一直上升，由于长期剥蚀，已成为高原地貌，组成了张北、围场高原。新构造运动又形成一系列凹陷盆地，在盆地内分布着很多湖淖。大量玄武岩的溢出形成玄武台地。所以，坝上地貌类型有山地、丘陵、坡梁、滩地、湖淖和沟川。

（4）母质。主要有黄土状沉积物、各类岩石风化产物、河流冲积物、风沙沉积物、湖积物等，类型齐全。河北坝上栗钙土的母质主要有玄武岩、花岗岩和其他岩石风化形成的残积、坡积、洪积体以及少量黄土状母质。

（二）成土过程

（1）干草原腐殖质积累过程。其基本过程同黑钙土，但干草原植被的特点是：第一，其地上生物量干重 $450\sim1\,800\ kg/hm^2$，仅为黑钙土区草甸草原的 $1/3\sim1/2$；第二，其地下生物量为地上的 $10\sim15$ 倍，高者可达 20 倍，主要分布在 30 cm 表层中。所以干草原区的植物根系量更大。

（2）石灰质的淋溶与淀积。其基本过程也同于黑钙土，只是由于气候更趋干旱，所以石灰积聚的层位更高，聚集量更大。

（3）残积黏化作用。季风气候区的栗钙土，雨热同期所造成的水热条件有利于矿物风化及黏粒的形成。典型剖面的研究和大量剖面的统计均表明栗钙土剖面中部有弱黏化现象，主要是残积黏化（无黏粒胶膜），黏化部位与钙积层的部位大体一致，往往受钙积层掩盖而不被注意，所以也称之为隐黏化。

（三）剖面形态

栗钙土的剖面构型为 Ah - Bk - C 型。

（1）有机质层（Ah 层）。厚 $25\sim50$ cm，栗色，有机质含量比较高，一般在 $19\sim38$ g/kg，高的可达 40 g/kg。Ah 层颜色较深，与有机质含量有很大关系。砂壤至砂质黏壤土，粒状或团块状结构，可见大量活根及半腐解的残根，向下过渡明显。

（2）淀积层（Bk 层）。厚 $30\sim50$ cm，灰白色。砂质黏壤至壤黏土，块状结构，坚实。植物根稀少，$CaCO_3$ 含量 $10\%\sim30\%$，高者可达 $60\%\sim90\%$。石灰淀积物多呈网纹、斑块状，也有假菌丝或粉末状，向下逐渐过渡。个别地区在 $CaCO_3$ 层底部可能出现石膏和易溶盐结晶。

（3）母质层（C层）。因母质类型而异，洪积、坡积母质多砾石，石块腹面有石灰膜；残积母质呈杂色斑纹，有石灰淀积物；风积及黄土母质较疏松均一，后者有石灰质。

（四）理化性状

Ah 层有机质含量 $10\sim45$ g/kg，具体含量因亚类和地区而异，C/N 为 $7\sim12$，HA/FA 为 $0.8\sim1.2$。Bk 层有机质锐减至 10 g/kg 左右，HA/FA 减至 $0.6\sim0.85$。

pH 在 Ah 层为 $7.5\sim8.5$，有随深度而增大的趋势，盐化、碱化亚类可达 $8.5\sim95$。

黏土矿物以蒙脱石为主，其次是伊利石和蛭石，受母质影响有一定差别。黏粒部分的 SiO_2/R_2O_3 在 $2.5\sim3.0$，SiO_2/Al_2O_3 在 $3.1\sim3.4$，表明矿物风化蚀变微弱，铁、铝基本不移动。

除盐化亚类外，栗钙土易溶盐基本淋失。

（五）主要亚类

河北省栗钙土包括典型栗钙土、暗栗钙土、草甸栗钙土、盐化栗钙上、碱化栗钙土、栗钙土性土等 6 个亚类。其中，盐化栗钙土和碱化栗钙土参照本节盐碱土内容。

（1）典型栗钙土。典型栗钙土是坝上高原区分布最广的亚类，在波状剥蚀高平原和低缓丘陵的梁、坡、旱滩地形上分布广泛。面积 72.92×10^4 hm²，占全省土壤面积的 4.43%。栗钙土的成土母质多种多样，植被类型为典型的干草原，主要有针茅、拟金茅，其次为冰草、旱熟禾、蒙古黄芪及衍生类型百里香、冷蒿、狼毒；灌丛以锦鸡儿为主。栗钙土比暗栗钙土有机质含量低，钙积层明显。

（2）暗栗钙土。面积 14.02×10^4 hm²，占全省土壤面积的 0.85%。主要分布于坝头山地，母质以玄武岩、次火山岩残坡积物为主。暗栗钙土处于栗钙土区较湿润地带，4—6 月降水最多，热量条件差，封冻早、解冻迟，无霜期只有 24 d。植被主要为大针茅、羊草，是坝上地区较优良的草场。

（3）草甸栗钙土。面积 5.08×10^4 hm²，占全省土壤面积的 0.31%。分布在二阴滩河谷阶地，地下水埋深 2～3 m，与盐化草甸土呈复区分布。植被除干草原植物外，有芨芨草、薹草、委陵菜、车前等草甸植物。目前多已耕垦，土壤水分状况在栗钙土中较好，心土、底土受毛管上升水的影响，较为湿润，有氧化-还原交替形成的锈斑。

（4）盐化栗钙土。盐化栗钙土是栗钙土向盐土的过渡性亚类，占栗钙土土类总面积的 1.36%。分布在栗钙土、淡栗钙土地带中地形洼地及易溶盐在土体和地下潜水中聚积的地形部位，如湖泊外围、封闭或半封闭洼地、河流低阶地、洪积扇扇缘等，因上升水流大于淋溶水流，造成盐分表聚发生盐化。盐化栗钙土常与草甸栗钙土、盐渍土构成环状、条带状复区。

（5）碱化栗钙土。碱化栗钙土是栗钙土向碱土的过渡性亚类，占栗钙土土类总面积的 0.20%。主要分布在坝上高原上小型碟形洼地、黏质干湖盆地、河流高阶地，其形成多与母质或地下潜水含 Na_2CO_3 有关。碱化层 pH 9～10。

（6）栗钙土性土。本亚类零星分布在栗钙土亚类中，在坝上高原侵蚀较重的残丘与栗钙土构成复区。总面积 18.54×10^4 hm²，占全省土壤面积的 1.12%。剖面发育不明显，具有微弱的腐殖质亚层，碳酸钙淀积不明显，心土、底土呈强石灰反应。

（六）改良与利用

以牧为主，农、林、牧结合，在保证粮食自给的基础上，退耕还牧，保护现有草场，发展人工草场。逐步实现产品商业化，植树造林，防风固沙。

保护现有草原，恢复和建设新草原。适当退耕还牧，引进优良草种，发展绿肥结构。

稳定粮食，努力提高粮食单产，改变广种薄收的旧习惯，对不同的土地采取不同的经营措施，发挥肥土的优势，集约经营，提高单产。

坝上栗钙土区的土壤受风蚀威胁很严重，灾害性气候较多，要以防护为主，做到防护林、水土保持林、用材林、薪炭林相结合，建立多林种、多树种、带、网、片相结合的防护林体系，解决木料、燃料、饲料的问题，建立起新的森林草原生态环境。

栗钙土区中水是限制因子，土壤潜在肥力很高，只要有水，粮草都能增产。应少动原土，以修、补、配为主，分段承包，利用好四水。

二、栗褐土

栗褐土在冀西北坝下地区广泛分布，处于褐土和栗钙土的过渡区。总面积 $73.5×10^4$ hm²，占全省土壤面积的 4.46%。

（一）成土条件

冀西北桑干河、洋河盆地丘陵海拔 $700\sim1\,200$ m，残积物及残积-坡积物分布于山地及丘陵区，万全县至崇礼县一带的白垩纪南天门系砂砾，成岩胶结松软，极易遭受水蚀。洪积物主要分布在山前洪积扇顶部，以砾石、砂砾为主，扇缘区以壤质或黏质为主，下伏地层常有埋藏泥炭层。

在桑干河、洋河高阶地上，上伏的黄土被剥蚀，出露下更新世淡水湖积物、泥河湾沉积物，黄棕、黄绿色粉砂、壤质或砂砾质和灰绿色粉砂质黏土。冲积物分布在现代河谷低阶地及河漫滩，以砂质、砂壤、壤土为主，黄土及黄土状沉积物广泛分布，沉积厚度较大。风积物除河漫滩外，可堆积于河谷高阶地或沿河谷的山地。

栗褐土处于温带半干旱森林草原向坝上干草原过渡的生物气候带，受太平洋海洋性气旋和极地大陆性气旋影响，呈现大陆性季风气候特征。植被具有温带半湿润落叶阔叶林向温带干草原过渡的特征。

（二）成土过程

（1）弱腐殖质累积。栗褐土表层的全碳小于栗钙土和褐土；碳氮比值，栗褐土为 $8\sim9$，与栗钙土相近，比褐土小；胡敏酸与富里酸比值：栗钙土＞栗褐土＞褐土。

（2）弱黏化。栗褐土剖面黏粒基本没有发生从上而下的淋移，心土、底土层的黏化比 1.06～1.14，不具备黏化层的条件，野外剖面观察见不到棱块状胶膜包被的黏化层。与褐土有明显区别。

（3）弱钙化。栗褐土富含碳酸钙，剖面石灰反应及氧化钙含量上下比较一致，剖面碳酸钙淀积层氧化钙含量显著增加。

（三）剖面形态

栗褐土的剖面构型为 A-Btk-C 或 A-(B)-C 型。

（1）腐殖质层（A层）。灰棕色，一般 20 cm 左右，质地多为轻壤，屑粒状结构。

（2）淀积层（Btk层）。一般 20～40 cm，棕褐色，由于黏化过程较弱，淀积层与腐殖质层的黏粒比不到 1.2。在 B 层或 B 层之下，有少量点状或假菌丝状的碳酸钙新生体。部分剖面 B 层结构面上可见少量霜状碳酸钙沉积物。

（3）母质层（C层）。

（四）理化性状

栗褐土多为砂壤至轻壤，结构性较差，表层为屑粒状，心土多为块状，黏土矿物以水云母和蒙脱石为主。有机质含量多为 8～10 g/kg，养分含量低。通体有石灰反应，碳酸钙含量为 50～150 g/kg，pH 为 8.2～8.5。

（五）主要亚类

河北省栗褐土仅有典型栗褐土一个亚类。

（六）改良与利用

栗褐土区干旱缺水，水土流失严重，耕作管理粗放，产量低而不稳。在灌溉条件下，精耕细作，玉米亩产 300～500 kg。旱地宜种耐旱的谷、黍、高粱等作物，宣化牛奶葡萄与龙眼葡萄色泽好、含糖量高，为栗褐土区名产。

土壤外业调查与采样方法

第四章 土壤外业调查与采样准备工作

　　土壤外业调查与采样准备工作是土壤普查的基础，也是保证土壤"三普"外业工作顺利开展的前提。本章阐述了外业调查与采样的工作计划、组建调查队伍、外业调查培训，详细介绍了图件文献类、摄录装备类、采样工具类、现场速测仪器类、辅助材料类、生活保障类、集成软件类等调查物资的准备工作。

第一节　工作计划制订、调查队伍组建与外业调查培训

（一）工作计划制订

　　根据国务院第三次全国土壤普查领导小组办公室（以下简称土壤普查办）的相关要求，地方各级土壤普查办结合地方具体情况，组织制定本辖区的外业调查工作计划，包括外业调查队伍组建、调查物资准备、剖面和表层样点复核、学习与培训、调查时间和调查路线拟定、现场踏勘、工作调度、样品暂存与流转、质量控制、安全生产等方面的计划。县级组织的各外业调查采样机构的工作计划应具体到人员、样点、时段，并经县级土壤普查办审核确认后，由县级土壤普查办统一呈报省级土壤普查办备案。

　　关于调查时间，依据全国土壤普查办规定的土壤普查总体进度与当地适宜时间节点，进行外业调查。对于耕地、园地等样点，各地应根据当地气候条件、物候条件、土地利用方式、种植制度和耕作方式等因素，充分利用耕种前、收割后的窗口期，因地制宜安排

调查工作时间，避免施肥、灌水、降水、耕作等的影响。耕地土壤应在播种和施肥前或在作物收获后采集；园地土壤应在果品采摘后至施肥前采集；盐碱土调查和采样应尽可能在旱季进行。

（二）调查队伍组建

地方各级土壤普查办依据土壤三普外业调查专业要求和工作需求，结合本地实际，组建外业调查队伍。表层样点外业调查现场技术领队需具有土壤学相关专业背景，受过全国土壤普查办或省级土壤普查办组织的土壤三普外业培训，通过培训考核，获得培训合格证书。剖面样点外业调查现场技术领队需具有土壤分类、土壤剖面调查等工作背景，受过全国土壤普查办组织的土壤三普外业培训，通过培训考核，获得培训合格证书。每个外业调查队必须有本县农技骨干人员全程深度参与，对一线质控负责，协助与调查样点农户对接并完成调查任务。根据实际工作需要，外业调查队一般还应配备联络、后勤保障、劳动力保障等人员。

各地要充分发挥高校和科研院所土壤调查专业人员的技术骨干作用。

（三）外业调查培训

在明确土壤普查工作任务基础上，对实际参与外业调查的工作人员开展业务培训，分为外部培训和内部培训两个方面。外部培训是指每个外业调查队的技术领队需参加全国土壤普查办或省级土壤普查办组织的外业调查培训，并通过培训考核，获得培训合格证书。内部培训是指外业调查队内部开展的外业调查培训和实习。外部和内部培训主要包括以下内容。

开展调查区域自然地理状况和成土因素（气候、地形地貌、成土母质、土地利用等）、成土过程，土壤类型、特征与分布，土壤利用与改良，农业生产、农田建设及其历史变化等内容的培训和学习。

开展外业调查需要的土壤学基础知识，包括本技术规范在内的外业土壤调查与采样、主要形态学特征的识别与描述等内容的培训和学习。

开展外业调查全流程的现场实操培训和实习，现场发现问题并及时提出解决方案。

开展外业调查理论与实操考核。

第二节　调查物资准备

按功能用途划分，准备的调查物资可大致分为图件文献类、摄录装备类、采样工具类、现场速测仪器类、辅助材料类、生活保障类、集成软件类。具体说明如下。

一、图件文献类

（一）图件

预布设样点分布图、土壤图、地形图、地质图、土地利用现状图、交通图、行政区划图等，剖面调查点应同时准备每个点位的工作底图，一般是将土壤二普获得的土壤类型图分别叠加显示在土地利用、数字高程模型（DEM）、高分遥感影像和地质图上，建议放大到1∶5 000比例尺用A3或A4幅面打印出图并装订成册，以有效显示剖面点位及周边区域成土环境信息，便于野外调查使用。

所有工作图件应叠加较为致密的经纬度网格，并标示线段比例尺，便于野外随时读取当前位置和判断地物距离。上述图件资料一般由省级土壤普查办统一制作和下发。

有条件的县级土壤普查办，尽可能收集县域植被类型图、农用地整理复垦规划或现状图、土地利用规划图、国土空间规划图等，以供普查工作需要及成果总结时使用。

（二）文献资料

《第三次全国土壤普查土壤外业调查与采样技术规范》、《中国土壤系统分类检索（第三版）》、GB/T 17296—2009《中国土壤分类与代码》、《第三次全国土壤普查暂行土壤分类系统（试行）》、土壤二普文献资料等。同时，应当注重自然成土环境资料、农业生产和农业基础设施资料的收集与整理。

（1）自然成土环境资料。收集和掌握调查区气温、降水数据，以及水文和地质资料等，主要用于了解本地区影响主要作物生长和产量的关键阶段的热量与降水的分布特征、水系分布、水利资源禀赋、地下水水量和水质、土壤沼泽化和盐渍化等潜在土壤利用问题等，为解决土壤盐渍化及旱、涝等问题提供参考。对于园地，应了解和收集园地利用与变更历史、作物类型、产量和经济效益等。

（2）农业生产及农业基础设施资料（近5年）。县域内农业生产情况，包括现有耕地、园地、林地和草地生产布局，主要作物类型及复种、轮作、连作、休耕与撂荒情况，土地利用类型及变更情况，历年施用肥料品种、施肥量、施肥方式、施肥时间、秸秆还田、有机肥施用和绿肥作物种植情况，深翻深松和少耕免耕情况，障碍因素种类（包括连作障碍）与影响及改土情况，自然灾害类型与影响情况，灌溉保证率情况，农作物产量及变化情况等。农田基本建设情况，包括耕地和园地平整情况、梯田建设情况、灌排设施和电力设施情况、农业机械化装备情况等。

二、摄录装备类

（1）数码相机。主要用于拍摄调查样点的剖面、土壤形态特征、景观等。

（2）无人机。主要用于航拍样点所在景观或地块单元的俯拍视角景观图。相对数码相机拍摄，无人机拍摄更能宏观地反映景观或地块单元的整体地貌、植被、土地利用等成土环境信息。

三、采样工具类

（一）表层土壤调查与样品采集

不锈钢刀、不锈钢锹（避免使用铁质、铝质、铜质等材质的工具直接接触样品，以免造成污染）、不锈钢土钻、竹木质刀具和铲子、不锈钢环刀和环刀托、聚乙烯塑料簸箕和塑料布、橡皮锤、地质锤、尼龙筛、弹簧秤或便携电子秤、刻度尺（塑料质、木质或不锈钢质）等。

（二）剖面土壤调查与样品采集

除配备与表层土壤调查、样品采集相同的工具外，还需配备不锈钢质的锹、镐、剖面刀，统一定制的剖面尺（要求为黑底、白字、白色刻度、不缩水、不易反光的帆布质标尺，不得使用其他颜色的标尺），土壤比色卡，微型标尺（拍摄土壤形态特征时使用），塑料水桶，喷水壶，放大镜（≥10 倍），剪刀（林地区根系较粗，建议备用"果树剪"），滴管，去离子水，10％稀盐酸试剂，邻菲罗啉试剂等。

关于土壤比色卡，为统一土壤三普土壤颜色和命名系统，优先使用《中国标准土壤色卡》，其次是日本《新版标准土色贴》，再次是美国 *Munsell Soil Color Book* 最新版，不得使用其他土壤比色卡产品。

（三）整段土壤标本采集

（1）挖土坑工具。锹、锹、镐、铲等工具。

（2）修土柱工具。剖面刀、油漆（灰）刀、平头铲、木条尺、手锯、修枝剪、绳子、宽布条、泡沫塑料"布"等。

（3）装标本的木盒。内部尺寸高 100 cm×宽 22 cm×厚 5 cm，木盒框架、前盖板和后盖板用 2 cm 厚木板制成。前、后盖板用螺钉固定在框架上，可随时卸离。依据整段土壤标本制作方法，所使用木盒为一次性用品。为便于后期统一制作，不使用聚氯乙烯（PVC）盒和铁皮盒等。

（四）地下水和灌溉水样品采集

硬质塑料瓶等。

（五）土壤水稳性大团聚体样品采集

固定形状的容器，包括硬质塑料盒、广口塑料瓶等。

（六）纸盒土壤标本采集

统一定制的纸盒（长 32.5 cm×宽 8.5 cm×高 3.5 cm，内部等分 6 格）、不锈钢刀（小号，便于修饰）等。纸盒盖面设计的填报项应包括样点编号、地点、经纬度、土壤发生分类和系统分类名称、海拔、地形、母质、植被、土层符号、土层深度、采集人及单位、采集日期等。

四、现场速测仪器类

地质罗盘仪（主要用于测量方位角、坡度、坡向等，若手机App 或其他手持终端设备可以使用，则不必购置）。

便携式土壤 pH 计（可选）。

便携式电导率速测仪（可选，用于盐碱土区域）。

土壤紧实度仪（可选，用于基于土壤紧实度变化判断耕作层厚度）。

五、辅助材料类

土样布袋、塑料自封袋、样品标签、棉质和乳胶手套、记录本、橡皮筋、黑色记号笔、铅笔、胶带等。

六、生活保障类

太阳帽、太阳镜、雨伞、雨靴、常规和急救药品、创口贴、卫生纸、压缩食品和饮用水、急救包、荧光背心等。

七、集成软件类

移动终端 App 等。样点成土环境、土壤利用、剖面形态、土壤类型等外业调查信息统一填报至移动终端 App 中，并经审核后，将信息上传至桌面端土壤普查工作平台。

同时，通过移动终端 App 在调查样点附近一定范围内，设定"电子围栏"，约束外业调查工作人员在限定范围内完成外业调查和采样工作。

第五章

预设样点定位与成土环境、土壤利用调查

成土环境的差异和土壤利用变化影响着土壤的形成与演化，它们是鉴别土壤类型的重要依据。本章是三普土壤外业工作的首要环节，针对样点周边的成土环境与土壤利用情况进行详细的调查，主要包括预设样点的外业定位、样点基本信息核实、地表特征与成土环境的描述、土壤利用情况记录等内容，同时采集样点景观照片。

第一节 预设样点的外业定位

外业定位工作基于全国统一的规划布点方案。在定位过程中，通过国家统一的工作平台和移动终端 App，结合二普土壤图土壤类型信息、地形地貌、水文地质、气象数据、土地利用现状等自然和社会经济数据，开展外业调查。

一、样点定位

通过移动终端 App，导航逼近预设样点位置范围，不要求到达准确点位坐标，到达预设样点电子围栏内，即可进行"样点局地代表性核查"，必要时进行样点现场调整。

二、样点局地代表性核查

外业调查人员进入预设样点电子围栏内，现场确定预设样点是否符合目标景观和土壤类型的要求，主要参考以下标准。

（一）表层样点代表性核查

以预设样点为中心，100 m 半径的电子围栏范围内，无明显修建沟渠、道路、机井、房屋等人为影响，土地利用方式（包括耕作模式、作物类型）具有代表性。如明确在电子围栏范围内，无符合条件的采样点，则应该调整预设样点的位置，方法参见后文。

样点通过代表性核查或必要位置调整后，在电子围栏内选择面积较大的田块，以其中心位置作为梅花法、蛇形法等混样方法的中心点，并读取坐标、海拔及确定承包经营者等基本信息，进行成土环境和土壤利用调查及土壤样品采集工作。耕地采样中心点一般定在电子围栏内较大田块的中央。

（二）剖面样点代表性核查

电子围栏限定范围为剖面样点所在的土壤二普县级土壤图图斑边界（主要是土种图斑，部分为土属图斑）。结合土壤图、遥感影像、数字高程模型、土地利用图等野外工作底图，在预设样点所在土壤图图斑范围内进行踏勘，核实确定图斑范围内主要土壤类型，注意此处不是野外寻找预设样点的赋值土壤类型，而是核实预设样点所在图斑范围内主要土壤类型。在图斑内主要土壤类型的典型位置进行土壤剖面的设置、挖掘、观察、描述和采样。要求剖面样点所处田块、景观单元在该范围内具有代表性，地形地貌、成土母质、土地利用及其组合模式相对一致。

三、预设样点现场调整

若预设样点未通过局地代表性核查，需按下述要求进行现场样点调整，以达到"样点局地代表性核查"中所述要求，并上报省级土壤普查办审核。

针对表层样点，若其所在图斑未被建设占用，且可到达，原则上不允许调整。若一定要调整，必须给出明确理由和现场佐证材料。

针对表层样点，必须在二普县级土壤图同一图斑范围内调整。

除该图斑已被建设占用外，只要满足道路可达性，即使土壤类型已发生变化，或二普土壤图图斑存在边界偏差、土壤类型错误，预设样点的调整仍然限定在该图斑范围内。

针对表层样点，在平原、盆地地区，土壤类型、地形地貌和土地利用方式分异相对较小，最大调整距离一般在电子围栏边界的200 m以内；在岗地、丘陵或山地地区，土壤类型空间分异随地形起伏变化较平原地区大，最大调整距离一般在电子围栏边界的100 m以内，并寻找相似的地形部位。

针对表层和剖面样点，若该预设样点所在图斑完全或绝大部分被建设占用，图斑内已无合适位置调整，或整个图斑范围内均不可达，须在相同土壤类型的其他图斑内，且尽量选择距离预设样点较近的符合要求图斑。针对表层样点还需尽可能保持土地利用类型不变，布设替代样点，沿用原样点编号，此种情况的调整除省级土壤普查办审核外，还需上报全国土壤普查办审定。

样点现场调整流程主要有3个步骤：首先野外通过移动终端App在拟调整后的样点位置提出样点现场调整申请；然后通过移动终端App提交样点现场调整的图片、文字等申请资料至省级土壤普查办，重点说明预布设样点不符合要求的理由；最后由省级土壤普查办负责审核，审核通过后，即可在新调整后的样点位置开展调查与采样。

第二节　成土环境与土壤利用调查

成土环境与土壤利用调查包括样点基本信息调查、地表特征调查、成土环境调查、土壤利用调查、景观照片采集等。每个调查点位（包含表层样点和剖面样点）均须采集成土环境与土壤利用信息。

成土环境和土壤利用信息采集项目清单，见附表1。外业调查时，需同时完成移动终端App电子版和纸质版调查表信息填报，纸质版调查表填报完成后，提交至省级土壤普查办。

一、样点基本信息

记录调查样点的行政区划、地理坐标、海拔、采样日期、天气状况、调查人及其所属单位、调查机构、样点所在地块的承包经营者、县级一线质控人员、国家级和省级专家指导与质控情况等。

（1）样点编码。统一编码，已经赋值，以下所有工作流程均使用同一编码。

（2）行政区划。依据省（自治区、直辖市）、市、区（县）、乡（镇）、建制村顺序，记录调查采样点所在地。每个样点已经赋值，野外核查确认。

（3）地理坐标。参照国家网格参考系统 2000［国家大地坐标系（CGCS2000）］，经纬度格式采用"十进制"。如 32.330 111 °N、118.360 214 °E。每个样点确定位置后，由移动终端自动采集坐标信息和赋值。

（4）海拔。每个样点确定位置后，由移动终端采集和赋值。单位：m。

（5）日期。采用"202X 年 XX 月 XX 日"格式，如"2022 年 08 月 05 日"，自动赋值。

（6）天气状况。从"晴或极少云、部分云、阴、雨、雨夹雪或冰雹、雪"选项中选择。

（7）调查人。填写现场技术领队的姓名及所属单位。调查人所属单位即调查人编制或劳动合同所在的法人单位。

（8）调查机构。填写调查任务承担机构全称。

（9）承包经营者。填写耕地和园地样点所在地块的承包人姓名、手机号和身份证号。林地和草地样点无须填报。

（10）县级一线质控人员。填写每个样点的县级一线质控人员姓名、单位、手机号和身份证号。

（11）国家级和省级专家指导与质控情况。填写样点是否接受了国家级和省级专家在线或现场技术指导和质控及专家姓名、单位、手机号和身份证号。

二、地表特征

(一) 土壤侵蚀

观察和记述样点所在景观单元内是否存在土壤侵蚀，以及侵蚀类型、侵蚀程度，具体标准见表 5-1 和表 5-2。

表 5-1　土壤侵蚀类型

编码	类型	描述
W	水蚀	以降水作为侵蚀营力，与坡度关系较大，并随坡度增加而加剧
M	重力侵蚀	在重力和水的综合作用下发生的土体下坠或位移的侵蚀现象，包括崩塌、滑坡、崩岗等
A	风蚀	在风力作用下发生的侵蚀，在降水量少的干旱和半干旱地区明显，与植被关系甚大
F	冻融侵蚀	土壤及其母质孔隙中或岩石裂缝中的水分在冻结时，体积膨胀，使裂隙随之加大、增多，导致整块土体或岩石发生碎裂，消融后其抗蚀稳定性大为降低，在重力作用下岩土顺坡向下方产生位移
WA	水蚀与风蚀复合	同时存在水蚀和风蚀

表 5-2　土壤侵蚀程度

编码	程度	描述
N	无	A 层没有受到侵蚀
S	轻	地表 1/4 面积的 A 层受到损害，但植物还能够正常生长
M	中	地表 1/4～3/4 面积的 A 层明显被侵蚀，植物生长受到较大影响
V	强	A 层丧失，B 层出露并也受到侵蚀，植物较难生长
E	剧烈	C 层也被侵蚀，植物无法生长

（二）基岩出露

样点所在景观单元内，是否有基岩（或大块岩石）裸露，并对耕作产生直接影响，应当记录基岩出露丰度和间距信息。注意，区别于"地表砾石"，基岩"根植于"土壤底部深处，无法移动且影响耕作。

丰度（基岩出露面积占景观单元内面积的比例，单位：%）：记录数据范围，见表 5-3。间距（基岩出露的平均间隔距离，单位：m）：记录数据范围，见表 5-4。

表 5-3 基岩出露丰度

编 码	描 述	丰度（%）	说 明
N	无	0	对耕作无影响
F	少	＜5	对耕作有一定影响
C	中	5~15	对耕作影响严重
M	多	15~50	一般不宜耕作，但小农具尚可局部使用
A	很多	≥50	不宜农用

表 5-4 基岩出露间距

编 码	描 述	间距（m）	编 码	描 述	间距（m）
VF	很远	≥50	C	较近	2~5
F	远	20~50	VC	近	＜2
M	中	5~20			

（三）地表砾石

地表砾石指分布在地表除出露基岩以外的砾石、石块、巨砾等。对表层土壤的适耕性产生影响，记录其丰度、大小等信息。

丰度（砾石覆盖地表面积占地表面积的比例，单位：%）：记录数据范围，见表 5-5。大小（占优势丰度的砾石直径范围，单位：cm）：记录数据范围，见表 5-6。

表 5-5　地表砾石丰度

编　码	描　述	丰度（%）	说　　明
N	无	0	对耕作无影响
F	少	＜5	对耕作有影响
C	中	5～15	对耕作影响严重
M	多	15～50	不宜耕作，但小农具尚可局部使用
A	很多	≥50	不宜农用

表 5-6　地表砾石大小

编　码	描　　述	直径（cm）	编　码	描　　述	直径（cm）
F	细砾石	＜2	S	石块	6～20
C	粗砾石	2～6	B	巨砾	≥20

(四) 地表盐斑

由大量易溶盐胶结成的灰白色或灰黑色盐斑，记录其丰度、厚度两个指标。见表 5-7。

丰度（地表盐斑覆盖面积占地表面积的比例，单位：%）：记录数据范围。厚度（地表盐斑的平均厚度，单位：mm）：记录数据范围。

表 5-7　地表盐斑丰度和厚度

盐斑丰度			盐斑厚度		
编　码	描　述	丰度（%）	编　码	描　述	厚度（mm）
N	无	0			
L	低	＜15	Ti	薄	＜5
M	中	15～40	M	中	5～10
H	高	40～80	Tk	厚	10～20
V	极高	≥80	V	很厚	≥20

（五）地表裂隙

富含黏粒的土壤由于干湿交替造成土体收缩而在地表形成的空隙，记录其丰度、宽度等指标。主要调查普遍出现地表裂隙的土壤类型，包括半水成土中的砂姜黑土、盐碱土中的碱土、干旱土等。见表 5-8。

表 5-8　地表裂隙宽度描述

编　码	描　　述	裂隙宽度（mm）
VF	很细	<1
FI	细	1～3
ME	中	3～5
WI	宽	5～10
VW	很宽	≥10

丰度（单位面积内地表裂隙的个数，单位：条/m²）：记录具体数据。宽度（地表裂隙的平均宽度，单位：mm）：记录数据范围。

（六）土壤沙化

具有砂质地表环境的草地受风蚀、水蚀、干旱、鼠虫害和人为不当经济活动等因素影响，致使原非沙漠地区的草地，出现以风沙活动为主要特征的类似沙漠景观的草地退化过程。野外记载沙化程度等级，参考标准见表 5-9。

表 5-9　土壤沙化指标与分级

项　　目		沙化程度分级			
		未沙化	轻度沙化	中度沙化	重度沙化
植物群落特征	植被组成	沙生植物为一般伴生种或偶见种	沙生植物为主要伴生种	沙生植物为优势种	植被稀疏，仅存少量沙生植物
	草地总覆盖度相对百分数的减少率（%）	0～5	6～20	21～50	>50

（续）

项　　目	沙化程度分级			
	未沙化	轻度沙化	中度沙化	重度沙化
地形特征	未见沙丘或风蚀坑	较平缓的沙地，固定沙丘	平缓沙地，小型风蚀坑，基本固定或半固定沙丘	中、大型沙丘，大型风蚀坑，半流动沙丘
裸沙面积占草地地表面积的增加量（%）	0～10	11～15	16～40	>40

注：参照 GB 19377—2003《天然草地退化、沙化、盐渍化的分级指标》。

三、成土环境

（一）气候

各个样点均已赋值，野外不做记录。

（二）地形

地形是影响区域性景观分异、水热条件再分配的主要因素。土壤普查时，应对每个样点所在的地形进行准确记述。具体分为大地形、中地形和小地形 3 个级别，附加地形部位、坡度、坡形、坡向 4 个辅助特征，需在野外加以描述。

（1）大地形分类。大地形分为：山地、丘陵、平原、高原、盆地。见表 5-10。

表 5-10　大地形分类

编　　码	名　　称
MO	山地
HI	丘陵
PL	平原
PT	高原
BA	盆地

（2）中地形分类。中地形分为极高山、高山、中山、低山、高丘、低丘、黄土高原，冲积平原、海积平原、湖积平原、山麓平原、洪积平原、风积平原，沙地、三角洲。高原大地形上区分低丘、高丘、低山、中山、高山、极高山等中地形时，首先依据相对高差进行判断，当相对高差小于 500 m 时可判断为低丘或高丘；其次当相对高差超过 500 m 时，根据绝对高程判断低山、中山、高山、极高山等。见表 5-11。

表 5-11　中地形分类

编码	名　称	编码	名　称	描　述
AP	冲积平原	LH	低丘	相对高差＜200 m
CP	海岸（海积）平原	HH	高丘	相对高差 200～500 m
LP	湖积平原	LM	低山	绝对高程 500～1 000 m
PE	山麓平原	MM	中山	绝对高程 1 000～3 500 m
DF	洪积平原	OM	高山	绝对高程 3 500～5 000 m
WI	风积平原	EM	极高山	绝对高程≥5 000 m
SL	沙地	LOP	黄土高原	
DT	三角洲			

（3）小地形分类。小地形分类见表 5-12。

表 5-12　小地形分类

编码	名　称	编码	名　称
IF	河间地	LA	潟湖
VA	沟谷地（含黄土川地）	BR	滩脊
VF	谷底	CO	珊瑚礁
CH	干/古河道	CA	火山口
TE	阶地	DU	沙丘
FP	泛滥平原	LD	纵向沙丘

（续）

编 码	名 称	编 码	名 称
PF	洪积扇	ID	沙丘间洼地
AF	冲积扇	SL	坡（含黄土梁、峁）
DB	溶蚀洼地	LT	黄土塬
DE	洼地	RI	山脊
TF	河滩/潮滩	OT	其他（需注明）

注：大、中、小地形是由大及小逐级内套的，如大地形的高原类型内，中地形可以出现山麓平原、洪积平原等；中地形的冲积平原类型内，小地形会出现河间地、阶地等。

（4）地形部位。地形部位见表 5－13。

表 5－13 地形部位分类

丘陵山地起伏地形		平原或平坦地形	
编 码	名 称	编 码	名 称
CR	坡顶（顶部）	LO	低阶地（河流冲积平原）
UP	坡上（上部）	RB	河漫滩
MS	坡中（中部）	Bol	底部（排水线）
LS	坡下（下部）	SZ	潮上带
BOf	坡麓（底部）	IZ	潮间带
IN	高阶地（洪-冲积平原）	OT	其他（需注明）

（5）坡度。坡度是指样点所处地形部位的整体坡度。如样点处于坡麓部位，则测量整个坡麓坡度，不是上、中、下坡的平均坡度，也不是样点局部的坡度。如果是梯田，记录样点田块所处地形部位的自然坡整体坡度，而不是平整后的田块内部坡度。野外用罗盘测量可得到较为精确的数据。野外需测量并填报具体坡度数据。坡度分级见表 5－14。

表 5-14 坡度分级

编　码	坡度（°）	名　　称
I	≤2	平地
II	2~6	微坡
III	6~15	缓坡
IV	15~25	中坡
V	>25	陡坡

（6）坡形。在本次调查中，坡形的变化分为拱起、凹陷和平直3类，对应3种主要的坡形类型——凸坡、凹坡和直坡。

（7）坡向。坡向是指样点所处的从坡顶到坡麓一个整坡的朝向，其中图5-1为罗盘中的方向，也可以用GPS或者手机App确定坡向。平原或平坦地形区的样点，不存在坡向，坡向信息填报为"无"。表5-15为坡向分类。

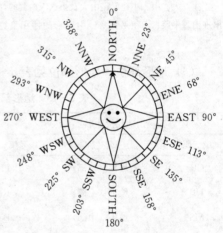

图 5-1　罗盘中的方向

表 5-15　坡向分类

角度范围（°）	坡　　向	角度范围（°）	坡　　向
68~113	东	248~293	西
113~158	东南	293~338	西北
158~203	南	338~360（0）~23	北
203~248	西南	23~68	东北

（三）母岩母质

1. 母岩类型　下伏或出露母岩常见于山地丘陵区，已赋值，野外需进行校核确认，错误或空缺者修正填报。受近现代冲积、洪积、沉积等过程影响，土被较深厚的平原、沟谷等区域，母岩深埋，母岩类型均填报为第四纪松散沉积物。

2. 母质类型　需野外判断并填报，具体母质类型的划分如下。

（1）原位风化类型。残积物、坡残积物。

（2）水运积物类型。坡积物、洪积物、冲积物、河流沉积物、湖泊沉积物、海岸沉积物。

（3）风运积物类型。风积沙、原生黄土、黄土状物质（次生黄土）。

（4）其他类型。崩积物、冰川沉积物（冰碛物）、冰水沉积物、火成碎屑沉积物、有机沉积物、（古）红黏土、其他（需注明，如上层为河流沉积物，下层为湖泊沉积物的二元母质）。

（四）植被

填报调查样点及周边（以电子围栏范围或景观单元范围为准）的植被类型以及植被覆盖度等信息。

（1）植被类型。植被类型见表 5-16。

表 5-16　植被类型

编　码	植被类型	编　码	植被类型
1	针叶林	7	草丛
2	针阔混交林	8	草甸
3	阔叶林	9	沼泽
4	灌丛	10	高山植被
5	荒漠	11	栽培植被
6	草原	12	无植被地段

（2）植物优势种。调查样点及其周边植物群落的优势种，如马尾松、嵩草等，野外可以利用相关植物识别 App 协助辨识。耕地此处统一填报"农作物"，具体信息在耕地利用中填报。

（3）植被覆盖度。适用于耕地类型外的其他土地利用类型。植被覆盖度是指样点及周边乔灌草植被（包括叶、茎、枝）在地面的垂直投影面积占统计区总面积的百分比，用"％"表示。植被覆盖度分为植被总覆盖度和乔木、灌木、草本等分项覆盖度。分项覆盖度之和应不小于植被总覆盖度。野外估算以 5％为等级间隔，填报植被总覆盖度、乔木覆盖度、灌木覆盖度、草本覆盖度的具体数值。耕地样点不填报植被覆盖度，其他地类需要填报。

四、土壤利用

（一）土地利用

（1）土地利用现状。已根据第三次全国国土调查结果，对调查点位土地利用现状进行赋值，外业调查时根据实际调查情况进行确认，如果与已赋值信息不同，填报调查时的实际土地利用类型。具体土地利用现状分类，参考附表 2。

（2）土地利用变更。调查 2000 年至今，是否存在土地利用变更。若存在土地利用变更，需填报土地利用现状分类二级类间的变更类型及变更年份，如果存在多次变更，均需填报。土地利用变更填报模式：2000 年及对应的二级类；变更年份及对应的二级类；调查年份及对应的二级类。示例：2000 年（起始年份），旱地；2008 年（变更年份），水田；2019 年（变更年份），水浇地（蔬菜地）；2023 年（调查年份），水浇地（蔬菜地）。

（3）蔬菜种植。属于蔬菜用地（根据现场调查结果），填报蔬菜地设施农业状况。包括以下两类：设施农业类型包括露天蔬菜、塑料大棚、日光温室（有两侧山墙、后墙体支撑）、玻璃温室、其他（需注明），蔬菜种植年限为填报连续种植蔬菜的年限（单位：年）。

（4）特色农产品。确定调查样点的农产品是否属于全国农产品地理标志登记产品。

（二）农田建设

适用于土地利用的耕地、园地类型，其他类型不需填写本内容。

1. 高标准农田　确定样点所在田块是不是高标准农田，并记录 2011 年以来，是否实施过高标准农田建设项目。

2. 灌溉条件　调查和填报灌溉保证率、灌溉设施配套两项指标。

（1）灌溉保证率。灌溉保证率是指预期灌溉用水量在多年灌溉中能够得到充分满足的年数出现的概率，用百分率（％）表示。

（2）灌溉设施配套。特征指标为未配套、局部配套、配套完善。若为局部配套和配套完善类型，需调查灌溉方式，其特征指标为不灌溉，土渠输水地面灌溉，渠道防渗输水灌溉，管道输水灌溉中滴灌、微喷灌、喷灌、其他（需注明）。

3. 排水条件　指由地形起伏、水文地质和人工排水设施状况共同决定的雨后地表积水、排水情况。农田排水条件可分为以下 4 个等级。

（1）充分满足。具备健全的干、支、斗、农排水沟道（包括人工抽排），无洪涝灾害。

（2）满足。排水体系基本健全，丰水年暴雨后有短时间洪涝灾害（田间积水时长 1～2 d）。

（3）基本满足。排水体系一般，丰水年大雨后有洪涝发生（田间积水时长 2～3 d）。

（4）不满足。无排水系统，一般年份在大雨后发生洪涝灾害（田间积水大于 3 d）。

4. 田间道路　调查样点所在田块的道路通达条件，记录其最高等级道路类型和路面硬化类型。田间道路包括机耕路和生产路。机耕路是指路面宽度 3～6 m、可供大型生产机械通行的道路；而生产路是指路面宽度小于 3 m 的田间道路。路面硬化类型分为水泥硬化、碎石硬化、三合土路、土路、其他（需注明）。

5. 梯田建设　调查样点所在田块是否是梯田，适用于丘陵、山地地区。

（三）耕地利用

适用于土地利用的耕地类型，填报本节内容。

1. 熟制类型　一年一熟、两年三熟、一年两熟、一年三熟。蔬菜地和临时药材种植地等按当地粮食作物熟制填报。

2. 休耕与撂荒　休耕是让受损耕地休养生息而主动采取的一种地力保护和恢复的措施，也是耕作制度的一种类型或模式。当前凡是根据耕地土壤退化和地力受损情况，主动计划不耕种或主动种植绿肥作物养地的措施，都确定为休耕。撂荒是耕地承包经营者在地力没有受损或土壤没有发生功能性退化的情况下，不继续耕种、任其荒芜的行为。

记录样点所在田块近5个熟制年度的休耕与撂荒情况，具体包括如下情况。

（1）休耕类型。无、季节性休耕、全年休耕。

（2）休耕频次。近5年休耕的累计频次（如一年两熟，且全年休耕，则该年度休耕频次为2）。

（3）撂荒类型。无、季节性撂荒、全年撂荒。

（4）撂荒频次。近5年撂荒的累计频次（如一年两熟，且全年撂荒，则该年度撂荒频次为2）。

3. 轮作制度　针对两年三熟、一年两熟和一年三熟的熟制类型，轮作制度为年内轮作，按自然年内作物的收获时序进行填报；针对一年一熟地区的熟制类型，轮作制度为年际间轮作，按不同年份作物的收获时序进行填报。主要分为年内或年际间第一季、第二季、第三季收获作物类型。注意，应填报样点所在田块近5个熟制年度的主要轮作作物；蔬菜一年收获超过三季的按三季填写。

（1）第一季收获作物类型。水稻、玉米、冬小麦、春小麦、大麦、燕麦、黑麦、青稞、谷子、豆类、高粱、油菜、棉花、花生、烟草、马铃薯、甘薯、甘蔗、甜菜、木薯、芝麻、蔬菜（填报具体名称，如黄瓜、番茄、辣椒、大白菜、青菜、芹菜、胡萝卜、茄子等）、中药材（填报具体名称）、休耕、撂荒、其他（填报具体名称）。

（2）第二、三季收获作物类型。水稻、玉米、谷子、豆类、高粱、油菜、棉花、花生、烟草、马铃薯、甘薯、甘蔗、甜菜、木薯、芝麻、蔬菜（填报具体名称）、中药材（填报具体名称）、休耕、撂荒、其他（填报具体名称）。

4. 轮作制度变更　调查近 5 个熟制年度内是否存在轮作制度变更，如果有，以上述轮作制度为基准，填报次要轮作作物，同样分为第一季、第二季、第三季收获作物类型，如双季稻休耕变为单季稻，则轮作制度为"水稻—水稻"，轮作变更为"水稻—休耕"。

5. 稻田稻渔种养结合　针对水田样点，调查近 1 个熟制年度内是否存在稻渔共作。若存在稻渔共作，需调查稻渔共作制度类型，分为稻虾共作、稻鱼蟹共作、其他（需注明），并估算样点田块内的围沟和十字沟宽度与深度（单位：cm）、水面占田块面积的比例（单位：%）。

6. 当季作物　填报样点所在田块采样时的作物类型（指待收获或刚收获的）。针对套种和间种等情况，需分别记录作物类型。

注意，中药材要细化到品种，如黄芪；特色农产品要填报作物类型。

7. 产量水平　调查样点所在田块近 1 个熟制年度内不同作物的产量。分季分作物填报全年的作物产量。需记录作物产量的计产形式，如棉花的籽棉重。针对套种和间种等情况，需分别记录作物的产量。

8. 施肥管理　调查样点所在田块近 1 个熟制年度分季分作物施用的肥料种类、肥料实物用量、肥料总养分和单养分含量、肥料施用方式。针对套种和间种等情况，需分别记录不同作物的肥料用量、肥料施用方式等。

肥料种类包括化学肥料、有机肥料、有机-无机复混肥等。其中，化学肥料：如尿素、碳酸氢铵、硫酸铵等，磷酸一铵、磷酸二铵、过磷酸钙、钙镁磷肥等，氯化钾、硫酸钾等，三元复合（混）肥及缓控释肥料等；有机肥料：商品有机肥、土杂肥、厩肥等。

化学肥料用量（单质化肥、复合肥、复混肥、有机-无机复混肥中的无机肥部分等）调查填报每亩*实物用量（kg）、有效养分含量（％）和养分总投入量（kg），并以折纯氮（N）、五氧化二磷（P_2O_5）、氧化钾（K_2O）形式填报有效养分用量（kg），养分总投入量根据实物用量和有效养分含量计算得出；同时要调查基肥、追肥比例情况。

商品有机肥（含有机-无机复混肥料中的有机质部分）调查填报每亩实物用量（kg）、有机质含量（％），并折算为有机质用量（kg）。

土杂肥、厩肥等填报每亩用量体积（m^3）。

施用方式分为沟施、穴施、撒施、水肥一体化、其他（需注明）。

9. 秸秆还田　调查样点所在田块是否实施了秸秆还田，并调查秸秆还田比例、还田方式和还田年限。

（1）还田比例和方式。调查样点所在田块近 1 个熟制年度的秸秆还田情况。还田比例分为无（＜10％）、少量（10％～40％）、中量（40％～70％）、大量（＞70％）。秸秆还田方式分为留高茬还田、粉碎翻压还田、地面覆盖还田、堆腐还田、其他（需注明）。分季分作物填报。

（2）还田年限。近 10 年实施秸秆还田的年数。

10. 少耕与免耕　调查样点所在田块是否实施了少耕和免耕，填报近 5 年实施少耕和免耕的季数之和。

11. 绿肥作物种植　调查和记录样点所在田块是否实施了绿肥种植，按绿肥品种及种植季节填报绿肥类型。

常见绿肥品种有豆科绿肥：紫云英、草木樨、苜蓿、苕子、田菁、箭筈豌豆、蚕豆、车轴草、紫穗槐、其他（需注明）；非豆科绿肥：油菜、金光菊、二月兰、其他（需注明）。若种植的苜蓿等作物用作牧草，则不属于绿肥。

按季节分为夏季绿肥、冬季绿肥、多年生绿肥、其他（需注明）。

＊ 亩为非法定计量单位，1 亩＝1/15 hm^2。——编者注

（四）园地利用

1. 园地作物类型　属于 GB/T 21010—2017《土地利用现状分类》中园地类型的，此处填报具体作物类型，如茶、柑橘等。针对果园套种农作物包括绿肥作物等情况，需填报农作物类型。

2. 园地作物林龄　记录作物生长年龄，单位：年。

3. 产量水平　调查样点所在田块近 1 年的全年作物亩产量，单位：kg。野外需记录茶园、枣园、苹果园等样点作物亩产量的计产形式，如干毛茶、干果、鲜果。针对园地套种、间种农作物等情况，需填报近 1 年的农作物亩产量，单位：kg。

4. 施肥管理　调查样点所在田块近 1 年全年施用的肥料种类、肥料用量、肥料总养分和单养分含量、肥料施用方式。针对果园套种农作物等情况，需填报近 1 年的农作物施肥情况。

化学肥料用量（单质化肥、复合肥、复混肥、有机-无机复混肥中的无机肥部分等）调查填报每亩实物用量（kg）、有效养分含量（%）和养分总投入量（kg），并以折纯氮（N）、五氧化二磷（P_2O_5）、氧化钾（K_2O）形式填报有效养分用量（kg），养分总投入量根据实物用量和有效养分含量计算得出。

商品有机肥（含有机-无机复混肥中的有机质部分）调查填报每亩实物用量（kg）、有机质含量（%），并折算为有机质用量（kg）。

土杂肥、厩肥填报每亩用量体积（m^3）。

施用方式分为沟施、穴施、撒施、水肥一体化、其他（需注明）。

5. 绿肥种植　调查样点所在田块是否实施了绿肥种植，按绿肥品种和种植季节填报绿肥类型。常见绿肥品种有豆科绿肥：紫云英、草木樨、苜蓿、苕子、田菁、箭筈豌豆、蚕豆、车轴草、紫穗槐、其他（需注明）；非豆科绿肥：油菜、金光菊、二月兰、其他（需注明）。若种植的苜蓿等作物用作牧草，则不属于绿肥。

按季节分为夏季绿肥、冬季绿肥、多年生绿肥、其他（需注明）。

（五）林草地利用

适用于 GB/T 21010—2017《土地利用现状分类》中的林地、草地、沼泽地、盐碱地、沙地等与林业、草业生产相关的区域。植被类型和覆盖度等已在前文提到，此处填报如下信息。

1. 林地类型

（1）生态公益林。防护林、特种用途林。

（2）商品林。用材林、经济林和能源林。

针对林地套种、间种农作物等情况，需记录农作物类型。

2. 林地林龄 记录林地乔木生长年龄，单位：年。

3. 林农套作和间作管理 针对林地套种、间种农作物等情况，按照耕地施肥管理和产量水平填报方式，记录近 1 个熟制年度农作物施肥和产量情况。

4. 草地类型 依据 NY/T 2997—2016《草地分类》，草地类型划分为天然草地和人工草地。

（1）天然草地。温性草原类、高寒草原类、温性荒漠类、高寒荒漠类、暖性灌草丛类、热性灌草丛类、低地草甸类、山地草甸类、高寒草甸类。

（2）人工草地。改良草地、栽培草地。

五、景观照片采集

移动终端或数码相机拍摄：拍摄者应在采样点或剖面附近，拍摄东、南、西、北 4 个方向的景观照片。为保证照片视觉效果，取景框下沿要接近但避开取土坑。

无人机拍摄：一般应距离地面 30～50 m 高度，倾斜视角拍摄 4 个方向的景观照。

景观照片应着重体现样点地形地貌、植被景观、土地利用类型、地表特征、农田设施等特征，要融合远景、近景。设施菜地景观照除拍摄大棚内近景外，还需走出大棚或温室，在样点附近的视野开阔处拍摄近景和远景相结合的信息，并将样点所在位置纳入取景框下半部分的中心处。园地样点景观照除拍摄园地内近景外，还需走出园地，在样点附近的视野开阔处拍摄近景和远景相结合的信息，并将样点所在位置纳入取景框下半部分的中心处。图 5-2 为景观照片示例。

图 5-2 景观照片示例

第六章

表层土壤调查与采样

表层土壤调查与采样是第三次土壤普查外业工作的主要内容之一，对了解土壤理化性状和判断土壤肥力状况至关重要。表层土壤样点成土环境与土壤利用调查在第五章已介绍，本章主要介绍耕地耕层厚度观测，表层土壤样品采集包括土壤混合样品采集、容重样品采集、水稳性大团聚体样品采集，以及样品流转和表层土壤采样的质量控制。

第一节 耕层厚度观测与表层土壤样品采集

一、采样深度

耕地、林地、草地样点采样深度为 0～20 cm，园地样点采样深度为 0～40 cm（图 6 - 1）。若耕地、林地、草地有效土层厚度不足 20 cm 或园地有效土层厚度不足 40 cm，采样深度为有效土层厚度。

耕地0～20 cm   林地0～20 cm

草地0~20 cm　　　　园地0~40 cm

图6-1　耕、林、草、园地土壤样点采样深度

二、耕层厚度观测

每个耕地样点至少调查3个混样点的耕层厚度，计算平均值后，记录为该样点的耕层厚度。挖掘到犁底层，测量记录耕层厚度；没有明显犁底层的，调查询问农户样点所在田块的实际耕作深度。单位：cm。在野外根据紧实度（若采用紧实度仪，可根据压力突变情况判断耕层厚度）、颜色、结构、孔隙、根系等差异综合判断耕层厚度。

三、表层土壤混合样品采集

（一）采样要求

在电子围栏内确定采样点后，根据预设样点周边的地形地势和土地利用空间变异程度的实际情况，可以选择梅花形、棋盘形或蛇形取样，采用多点混合方法采样（图6-2）。

实际采样过程中，根据田块形状、土壤变化的实际情况，选择上述采样方法中的一种进行采样，并按照下述要求采样。

（1）混样点数量。混样点数量为5~15个，且所有混样点均

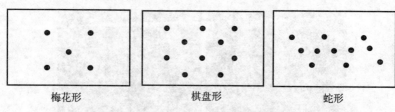

图 6-2 表层混合样品采集方法

需要位于同一个田块或样地。混样点不能过于聚集，一般要求耕地、林地和草地混样点两两间隔在 15 m 以上。一般要求园地样点所选择的具有代表性的树与树之间间隔在 15 m 以上。不能满足 5 个及以上间隔 15 m 混样点的小田块，应在电子围栏内选择面积较大的田块，混样点分布应覆盖整个田块且距离田块边缘不低于 2 m。

（2）混样点采样要求。所有混样点均需避开施肥点，并去除地表秸秆与砾石等，挖掘至 20 cm（耕地、林地和草地）或 40 cm（园地）深度的采样坑后，每个混样点采集约 2 kg 土壤样品。耕地样点应使用不锈钢锹等工具挖坑采样，以便同时观测耕层厚度，其他土地利用类型的样点可使用不锈钢锹或不锈钢土钻采样。来自不同深度的土壤体积占比相同，不同混样点的土壤样品重量相等。

（3）混样和土样质量。将所有混样点采集的土壤样品去除明显根系，充分混匀，然后采取"四分法"去除多余样品（图 6-3），留取以风干重计的样品重量不少于 3 kg（鲜样建议留取 5 kg）；对设置为检测平行样的样点（"调查采样 App"清单中的平行样样点），留取以风干重计的样品重量不少于 5 kg（鲜样建议留取 8 kg）。

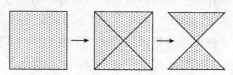

图 6-3 土壤混合样"四分法"示意图

（4）园地样点。按梅花法等方法选择至少 5 棵具有代表性的树（或其他园地作物），每棵树在树冠垂直滴水线内、外两侧约 35 cm 处各采集 1 个混样点（类型 1 典型）；若幼龄园地滴水线距离树干不足 35 cm，则在以树干为圆心、半径 50 cm 的圆周上，采集 2 个混样点，2 个混样点与圆心的连线保持夹角 90°（类型 2 幼龄型）；若园地株距很小、行距较小，则完整采集滴水线至树干之间土壤（类型 3 密植型）；若滴水线半径超过 2 m（如板栗等），则在滴水线处及滴水线与树干连线中间处各采集 1 个混样点（类型 4 大型）；所有混样点均应避开施肥沟（穴）、滴灌头湿润区。具体见图 6 - 4。

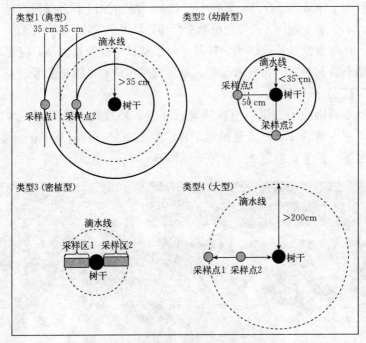

图 6-4 园地土壤混合样点选择示意图

（5）砾石含量高的样品。野外需估测并填报表层土壤内所有砾石的体积占表层土壤体积的百分比，即砾石丰度（％），可用目测法、砾石重量和密度计算法、体积排水量法等方法估测砾石丰度。

采样时，野外需使用5 mm孔径的尼龙筛分离较大砾石，野外称量并记录较大砾石的重量（g），将过筛后的细土样品（粒径小于2 mm）和较小砾石（粒径2～5 mm）全部装入样品袋，舍弃较大砾石。待样品流转至样品制备实验室风干后，称量并记录全部细土和较小砾石样品重量（g）。按土壤样品制备要求，均匀分出需要过孔径2 mm尼龙筛的样品，称量并记录过筛样品重量（g）、过筛后细土重量（g）、过筛后较小砾石重量（g）。其余风干样品不需研磨和过2 mm筛，留作土壤样品库样品。

针对含砾石的样品，野外在样品过5 mm孔径尼龙筛之前，不可舍弃细土样品和砾石。采集的小于2 mm粒径的细土样品重量以风干重计不少于3 kg；若设置为检测平行样，以风干重计不少于5 kg。

（6）含盐量高或渍水的样品。对于盐碱土或渍水样品，应先装入塑料自封袋后，再装入布袋，避免交叉污染和土壤霉变等。

（二）采样工具

不锈钢质刀、锹、塑料簸箕、环刀、环刀托、橡皮锤、地质锤、尼龙筛、弹簧秤或便携电子秤、装土布袋、自封袋、记录本、记号笔、铅笔、胶带纸、标签等（图6-5）。

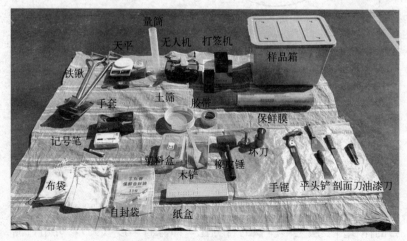

图6-5　表层土壤采样工具

（三）采样方法

实际采集时，每个点要按深度挖坑，定位，拍照，上传点位信息，然后取样。园地挖长约 40 cm、宽约 30 cm、深至少 40 cm，耕地和林草地挖长约 40 cm、宽约 30 cm、深至少 20 cm。用不锈钢、竹木类工具刮除与土锹接触的表土后，在垂直方向上采集整个土层深度样品（图 6 - 6）。

图 6 - 6　表层土壤混合样采集

（四）样品包装

表层土壤混合样品经"四分法"后，称取留下土样的重量，然后直接装入布袋；对于盐碱土或渍水样品，先装入塑料自封袋，再装入布袋，避免交叉污染（图 6 - 7）。

图 6 - 7　表层土壤混合样品包装

统一印制或现场打印样品标签，一式两份，附带样品编码、二维码、采样日期等基本信息。一份标签可贴在样品袋口的硬质塑料基底上，另一份标签先置入微型塑料自封袋中，再装入样品袋内。

四、表层容重样品的采集

利用不锈钢环刀（统一用 100 cm³ 体积的环刀）采集表层土壤容重样品。当表层土壤中砾石体积不超过 20％时，需采集土壤容重样品，并填报估测的砾石体积；当砾石体积超过 20％时，可不采集土壤容重样品。

（一）土壤容重样品采集方法

具体操作如下，并见图 6-8。

图 6-8　表层容重样品采集过程

针对耕地、草地和林地样点，利用环刀采集表层以中心点为中心并包含中心点的土壤容重样品，采样点为临近的 3 个混样点，每个混样点采集 1 个容重样品，每个样点共采集 3 个容重平行样品。针对园地样点，选择包含中心点的邻近两棵树，在每棵树的两个混样点处各采集 1 个容重样品，每个园地样点共采集 4 个容重平行样。确定容重取样点后，移除地表树叶、草根、砾石等，削去地表 3 cm 厚土壤后，使地表平整。

将环刀托套在环刀无刃口的一端，环刀刃口朝下，借助环刀柄和橡皮锤均衡地将环刀垂直压入地表平整处的土中，在土面刚触及环刀托内顶时，即停止下压环刀。

用剖面刀把环刀周围土壤轻轻挖去，并在环刀下方将环刀外的土壤与土体切断（切断面略高于环刀刃口）。

取出环刀，刃口朝上，用小号不锈钢刀削去环刀外多余的土壤，盖上环刀底盖并翻转环刀，卸下环刀托，用刀削平无刃口端的土壤面。

将环刀中土壤完全取出，装入塑料自封袋中。并作样品编号标记。每个容重样品，单独装入一个自封袋中。

（二）土壤容重样品包装

打印标签同土壤混合样品，一份标签直接贴在塑料自封袋的外部，另一份标签先置入微型塑料自封袋中，再装入容器内。

五、表层水稳性大团聚体样品的采集

采样点为临近的 3 个混样点，采样深度与表层土壤混合样品的采样深度相同。采样时土壤湿度不宜过干或过湿，应在土不黏锹、经接触不变形时采样。采样时避免使土块受挤压，以保持原始的结构状态。剥去土块外面直接与不锈钢锹接触而变形的土壤，均匀地取内部未变形的土壤，采样量以风干重计不少于 2 kg（鲜样建议 3.5 kg），置于不易变形的容器（硬质塑料盒、广口塑料瓶等）内。对于设置为检测平行样的样点，取样量为 4 kg（鲜样建议 7 kg），平均分装成 2 份，每份 2 kg。表层水稳性大团聚体样品需置于不易变形的容器（硬质塑料盒、广口塑料瓶等）内保存和运输。

打印标签同混合土壤样品，一式两份。一份标签直接贴在塑料瓶（盒）的外部，另一份标签先置入微型塑料自封袋中，再装入容器内。

六、表层土壤调查采样照片采集

需要拍摄的照片类型除景观照外，还包括以下类型。

（1）技术领队现场工作照。每个样点 1 张，拍摄技术领队现场工作正面照，照片中含采样工具。

（2）混样点照。每个混样点 1 张，定位准确拍照。使用不锈钢锹采样，拍摄时，采样坑需挖掘至规定深度，摆好刻度尺（木质、塑料质或不锈钢质刻度尺），针对耕地样点，照片应清晰完整展示耕层厚度。

（3）土壤容重样品采集照。每个样点 1 张，将不锈钢环刀打到位，还未从土壤中挖出环刀时，把环刀托取下，拍摄环刀无刃口端的土壤面状态。

（4）土壤水稳性大团聚体样品照。每个样点 1 张，拍摄样品装入容器后土壤样品状态。

（5）其他照片。外业调查队认为需要拍摄的其他照片。

七、表层土壤样品暂存与流转

土壤样品采集后应及时流转至样品制备实验室，采集后至流转前的暂存期间，应妥善保存于室内。暂存样品的室内环境应通风良好、整洁、无易挥发性化学物质，并避免阳光直射。装有表层土壤混合样品的布袋应单层摆放整齐，使样品处于通风状态，避免样品堆叠存放，避免土壤霉变、样品间交叉污染及受外界污染等。针对含水量高的土壤样品，外业调查队需先对土样进行风干处理，然后再流转。水稳性大团聚体样品在运输和暂存期间，特别需要避免剧烈震动造成的土体机械性破碎，特别需要及时流转至样品制备实验室，以保持田间含水量状态，避免原状土壤样品变干、变硬和破碎，导致制样困难和测定异常；若不能及时流转，外业调查队应及时与样品制备实验室对接，外业调查队在样品制备实验室确认样品状态合格后，并在其指导下进行风干处理，然后再流转。

因不同土地利用类型的样品检测指标存在差异，样品流转时，按照耕地和园地表层土壤样品、林地和草地表层土壤样品两大类别，分类组批流转。土壤样品交接表见附表 3。

第二节 表层土壤调查与采样质量控制

根据样品采集实际需要，组建外业调查采样队，严格按照《土壤外业调查与采样技术规范》开展外业调查和采样工作。本环节质量控制包括单位内部开展的质量保证和质量控制措施，县级土壤普查办、省级土壤普查办和全国土壤普查办严格按照规范开展外部质量监督检查。

一、内部质量控制

（一）内部质量保证与质量控制

内部质量控制关键点：一是电子围栏应用和采样点位准确定位情况，二是土壤样品采集、有关指标现场土壤测定等技术规范操作情况，三是样点所在地块农户种植制度、农作管理等调查信息准确记录情况，四是土壤样品封装、保存、信息上传等规范操作情况，五是自觉接受县级、省级和国家级外部质量监督检查。

（二）单位及人员

每个外业调查采样队至少1名采样人员和质量检查员需通过全国土壤普查办或省级土壤普查办统一组织的集中培训，取得培训结业证书，培训证书与土壤三普工作平台相关联，建立质量追溯体系。其余人员需经培训上岗，并保留培训记录。

（三）采样点位

（1）点位确认。外业调查采样队按照外业采样终端设备指示，到达采样点电子围栏范围内方可采样。若指定采样区域不具备采样条件，需就近选择符合条件的替代点，进行样点现场调整和调查采样，并及时提交变更原因、现场照片及变更后的点位调查信息等。

（2）点位信息。采样人员通过外业采样终端设备记录点位信息，拍摄采样点附近景观照片（东、南、西、北方位）和采样工作照片（体现采样过程、采样工具、混样点布设、样品包装等），保存并上传点位信息到土壤普查工作平台。

（四）样品采集

（1）采样要求。按照《土壤外业调查与采样技术规范（试行）》要求，科学采集符合数量、重量、层次或深度要求的表层土样、原状土样和水样（盐碱地普查需采集盐碱土剖面样点的地下水样和灌溉水样）。对照上述规范，检查样品采集是否符合要求，判断土样是否沾污。如发现问题，及时采取补救或更正措施。

（2）样品标识。样品按照检测项目要求，分类包装并明确标识，检查样品标识是否符合要求，标签是否清晰、内外标签是否齐全、内容是否完整。如发现问题，及时采取补救或更正措施。

（五）质控要求

外业调查采样队上传的采样信息自查率应达 100%。重点对采样位置偏移电子围栏的点位信息开展检查。

外业调查采样队完成采样自查后，通过外业采样终端设备将采样信息统一上传到土壤普查工作平台，土壤样品统一提交样品制备实验室，水样提交省级质量控制实验室。

（六）问题与处理

外业调查采样队发现存在取样方法（含密码平行样未按要求取样）、取样深度、取样量不符合要求，或样品沾污等质量问题的，应自觉重新采集发现问题的样品。

对于发现外业调查采样队采样工作存在的共性问题，省级土壤普查办应加强人员培训和质量监督检查等。

二、外部质量监督检查

外业调查采样队上传到土壤普查工作平台的外业调查采样信息，需经县级、省级、全国土壤普查办组织实施审核后方可确认，采取资料检查与现场检查（视频检查）方式开展，由野外工作经验丰富、熟悉土壤学等专业知识的专家或专业技术人员实施。

（一）资料检查

重点对上传到土壤普查工作平台的采样点信息、记录等进行检查。

1. 检查内容

（1）采样点位图检查。采样点符合性、采样点位移情况。

（2）采样记录和照片检查。记录填写内容的完整性和正确性，景观照片和工作照片等是否齐全清晰等。

（3）采样环节自检情况检查。外业调查采样队自查确认信息。

2. 检查要求　县级土壤普查办组织专家或专业技术人员对采样队上传的文件资料开展 100% 质量监督检查和审核确认。省级土壤普查办组织专家对县级审核确认的文件资料开展 100% 质量监督检查和审核确认。全国土壤普查办组织专家对省级审核确认文件资料开展检查，检查量不低于全国年度采样任务的 2‰ 样点，重点检查位置发生偏移电子围栏范围采样点的文件资料，以及省级质量监督检查中发现存在问题的采样点资料。

（二）现场检查

现场检查采取与专家技术指导服务相结合的方式开展，覆盖外业调查采样过程全周期。

1. 检查内容

（1）采样点检查。采样点的代表性与符合性、采样位置的正确性（是否在电子围栏内）等。

（2）采样方法检查。采样深度、单点采样、多点混合采样，采样人员操作、采样工具等。

（3）采样记录检查。样点信息、记录信息、样品信息、工作信息等。

（4）样品检查。样品标签、样品重量和数量、样品包装容器材质、样品防沾污措施等。

（5）样品交接检查。样品交接程序、土壤样品交接记录表填写是否规范、完整等。

（6）样品包装及运输检查。土壤样品运输箱、装运记录等。

2. 检查要求　县级土壤普查办组织野外工作经验丰富、熟悉土壤学等专业知识的专家或专业技术人员参与现场检查，每个采样队至少要有 1 位专家或专业技术人员全程跟踪开展现场检查，覆盖 100%采样点。省级土壤普查办组织专家开展现场检查应不低于本区域内年度采样任务的 5‰样点，覆盖所有实施县市区，每个检查组由省级专家组成员带队，不少于 3 人。全国土壤普查办组织专家开展现场检查不低于全国年度采样任务的 1‰样点，每个检查组由国家级专家组成员带队，不少于 3 人。

现场检查要在外业调查采样工作期同步启动实施，尤其省级、全国土壤普查办要将外部质量监督检查、技术指导等工作有机结合，建立"随时发现问题、随时解决问题"的工作机制。

（三）问题发现与处理

对于县级、省级、国家级现场检查中发现的问题，应及时向有关责任人指出，并根据问题的严重程度责令采取适当的纠正和预防措施。对发现严重问题的采样点，要求外业调查采样队重新采样，并更正文件资料信息，同时需对点位更正信息进行跟踪检查。对各级质量监督检查中发现的问题，外业调查采样队需及时对问题进行整改，并按要求向县级土壤普查办提交工作质量自评报告（含整改说明）。对发现外业调查采样队采样工作存在的共性问题，县级、省级土壤普查办加强人员培训和质量监督检查力度等，建立健全样品采集环节质量监督检查长效机制。

样品采集环节质量控制检查记录（表6-1、表6-2），通过采样终端设备上传土壤普查工作平台质量控制模块。专家依托工作平台进行资料检查，利用质量控制 App 在外业现场开展现场检查，检查过程平台全程跟踪记录。

表6-1　表层样品采集资料检查

	采样地区	省　　市　　县
	检查日期	
基本信息	外业调查采样队代码	
	外业调查采样队技术领队证书编号	
	样点编号	

（续）

	检查项目	定性结论	情况说明
检查项目 采样点位 图检查	电子围栏内点位选择是否合理		
	布设点位现场调整是否合理（针对电子围栏外调整点位）		
	是否有错记项目		
	景观照片是否齐全、清晰且反映的样点所在地块及周边地表特征、自然成土环境和土壤利用信息是否具有代表性、是否与描述一致		
	所有表层混合样点采土坑照片是否齐全、清晰		
	工作照片是否齐全、清晰且反映的采样工具、方法及过程等是否符合规范要求		
检查人		检查组长	
整改情况			
审核意见	通过或未通过		

注：定性结论填写"是"或"否"，情况说明要尽可能细化、具体，可另附页。

表6-2 表层样品采集现场检查

	采样地区	省 市 县
基本信息	检查日期	
	外业调查采样队代码	
	外业调查采样队技术领队证书编号	
	样点编号	

	检查项目	定性结论	情况说明
采样点检查	采样点位是否具有代表性		
	点位现场调整是否合理（针对电子围栏外调整点位）		

（续）

采样方法 检查	采样工具是否合适		
	表层土壤混合样品采集方法是否规范		
	土壤容重样品采集方法是否规范		
	土壤水稳性大团聚体样品采集方法是否 规范		
采样与描述 信息检查	样点调查基本信息、地表特征、自然成土 环境和土壤利用信息记录是否合理		
	耕地样点耕层厚度观测与记录是否合理		
	景观照片、工作照片拍摄是否合理		
样品检查	样品重量是否符合要求		
	样品数量是否符合要求		
	样品标签是否符合要求		
	包装容器是否符合要求		
	防污措施是否符合要求		
样品交接 检查	交接程序是否符合要求（非必填项）		
检查人		检查组长	
整改情况			
审核意见	通过或未通过		

注：定性结论填写"是"或"否"，情况说明要尽可能细化、具体，可另附页。

剖面土壤调查与采样

剖面土壤调查与采样工作除进行成土环境与土壤利用调查（第五章已介绍）外，还包括土壤剖面设置与挖掘、土壤发生层划分与命名、土壤剖面形态观察与记载、剖面土壤样品采集等。剖面土壤调查与样品采集可为研究土壤发生性和生产性、确定土壤分类和制图提供科学依据。本章重点阐述土壤剖面设置、挖掘和形态观察，剖面土壤样品采集方法、包装和流转，并简要介绍剖面土壤调查采样的质量控制内容。

第一节　土壤剖面设置与挖掘

一、土壤剖面的内涵与种类

土壤剖面（soil profile）是由道库恰耶夫于 1883 年首先提出，指由与地表大致平行的层次组成的从地表至母质的三维垂直断面。一个完整的土壤剖面应包括土壤形成过程中所形成的发生学层次以及母质层。

实际上，土壤是独立的历史自然体。它不仅具有自身的发生发育历史，而且在形态、组成、结构和功能上是可以剖析的物质实体。理解土壤是独立的历史自然体，可从单个土体和聚合土体的剖析入手。单个土体（pedon）是指能代表土壤个体体积最小的三维土壤实体，它足以包含各土层和它们性质的微小变化，其面积一般为 $1 \sim 10 \ m^2$。聚合土体（polypedon）是指在空间上相邻、物质组成和性状相近的若干单个土体的组合，它相当于基层分类中的一个土种（土壤发生分类）或土系（土壤系统分类），也可看作一个具体的景观单位，常被作为土壤调查采样、观察和制图的单元。

土壤调查中，剖析某个具体单个土体总是通过挖土坑，观察和鉴别土壤剖面开始的，因为单个土体的垂直面相当于土壤剖面，但不包括非土壤的母质（图7-1）。

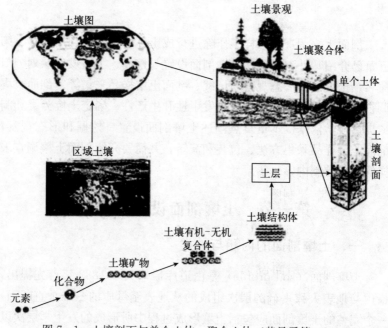

图7-1 土壤剖面与单个土体、聚合土体（黄昌勇等；2010）

土壤剖面按其来源可分为自然剖面和人工剖面两种。自然剖面是因修路、开矿、平整土地、兴修水利等各种原因暴露出来的自然断面，它的优点是垂直面往往开挖得较深，延伸面较广，连续性较好。但它不一定具有较好的代表性，分布不均匀，由于长期暴露土壤理化性状不可避免地发生变化。人工剖面是根据土壤调查的要求临时挖掘出来的剖面，根据用途又可分为主要剖面、检查剖面和定界剖面。

（1）主要剖面（基本剖面、代表剖面）是为全面研究土壤形态特点与成土条件和改良利用之间关系的土壤剖面，用来确定某一土壤类型的"中心"概念，因此要详细观察研究，并对土壤的发生发育和生产性能做出全面确切的鉴定。为充分观察研究土壤实体的三维空间特征分异，剖面宽度应拓宽到足以观察土层在水平方向上的变化，剖面深度应能使全部土层（含母质层）显露出来为止，在平原区挖至母质层，在丘陵山区挖至母岩层，有地下水参与的土壤要挖至地下水位。主要剖面要详细观察描述记录，并采样。

（2）检查剖面（次要剖面、对照剖面）是为检查主剖面土壤属性的稳定性和变异程度而设置的土壤剖面，是为确定土壤类型的"边界"概念而设置的，可为土壤定边界提供推理依据。检查剖面挖掘深度较浅，能确定土壤类型即可，深度一般为 100 cm，重点记录即可。

（3）定界剖面是为确定土壤类型边界而设定的土壤剖面。一般只用于大比例尺制图。

在土壤调查过程中，应依据调查的目的和用途，选择不同的土壤剖面类型挖掘和观测。本章以主要剖面观测为例。

二、土壤剖面设置

基于预设样点的外业定位核查结果，确定剖面样点的具体位置。为核实确定土壤类型图斑内主要土壤类型，在图斑内踏勘时，应至少选择 3 个踏勘点，要求所有踏勘点两两之间的间距原则上不低于 500 m；不满足 500 m 间距要求的，应在图斑内尽可能增大踏勘点间距。记录每个踏勘点的经纬度坐标，拍摄每个踏勘点东西南北 4 个方向的景观照片。其剖面点设置的具体要求如下。

有一个相对稳定的土壤发育条件，具备有利于该土壤特征发育的环境，不宜设在土壤类型的边缘和过渡地段，否则土壤剖面缺乏代表性。

在地形变化的区域，应设于典型的地形部位，如山坡的中部，并注意坡形和坡向等地形部位的变化。

应避开路旁、住宅四周、沟渠附近、地头等一切人为干扰较大的地方。

林地调查应避开林窗或林缘，选择离树干 1.5 m 左右的标准地中部。

如果发现母质或人为熟化等未预料的因素使土壤发生变化，则应重新确定剖面点位。

三、土壤剖面挖掘

土壤剖面挖掘的要求如下。

剖面挖掘地点应在景观部位、土壤类型、土地利用等方面具有代表性。

在平原与盆地等平缓地区，剖面尺寸为 1.2 m（观察面宽）×1.2～2 m（观察面深；如遇岩石，则挖到岩石面）×（2～4）m（剖面坑长，一般 2 m）（图 7-2）；盐渍土壤挖至地下水位或使用土钻打孔至地下水位（图 7-3）；在山地与丘陵区，受地形和林灌植被等的影响，当无法选取相对平缓、植被少遮挡的景观部位挖掘剖面时，可选择裸露的断面或坡面作为剖面挖掘的点位，但是为了保证剖面的完整性和样品免受污染，修整剖面时，应向自然断面或坡面内部延伸 30 cm 以上，直至裸露出新鲜、原状土壤（图 7-4）。

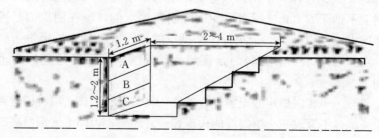

图 7-2　平坦地面土壤剖面示意图

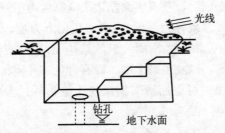

图 7-3　盐渍土壤剖面挖掘示意图（马献发，2017）

 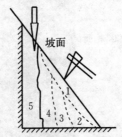

1～4. 挖掘顺序线　5. 整修剖面线

图 7-4　山地丘陵坡面土壤剖面挖掘示意图（马献发，2017）

剖面观察面要垂直向阳，避免阴影遮挡，便于观察和摄影。

剖面的观察面上部严禁人员走动或堆置物品，以防止土壤压实或土壤物质发生位移而干扰观察和采样。

挖出的表土和心底土应分开堆放于土坑的左右两侧，观察完成后按土层原次序回填，以保持表层土壤的肥力水平。

四、标准剖面与剖面特征照片采集

标准剖面照作为土壤单个土体的"身份证件照"，能够直观反映土壤的发生层及其形态学特征，是认识和理解土壤发生过程、土壤类型的直接证据。因此，标准剖面照应当清晰、真实、完整地呈现土壤形态学描述特征。

标准剖面照的具体要求如下。

剖面挖掘完成后，在观察面左边 1/3 宽度内用剖面刀自上而下修成自然结构面（或称为毛面），要避免留下刀痕，观察面右边的 2/3 宽度范围内保留为光滑面。自然结构面可直观反映土壤结构、质地、斑纹特征，以及根系丰度、砾石含量、孔隙状况、土壤动物痕迹等；光滑面则可更加清晰地反映土壤边界过渡特征、颜色差异、结核等特征（图 7-5）。

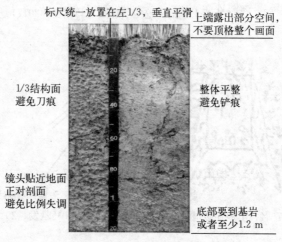

图 7-5　剖面照片示例

自上而下垂直放置和固定好帆布标尺，标尺起始刻度要与观察面上沿齐平。

剖面照片须用专业相机拍摄，避免出现颜色失真。

剖面摄影时，摄影者可趴在地面进行拍摄，保持镜头尽可能与观察面垂直。

晴天拍摄时注意遮住观察面的阳光，避免曝光过度，避免出现部分阴影。

标准剖面照须拍摄两种类型：一种是剖面上方不放置纸盒（指纸盒土壤标本用的纸盒），另一种是剖面上方放置带样点编号的纸盒。放置纸盒时以剖面或剖面尺为中心，纸盒底部外侧用黑色记号笔清晰标记剖面样点编号。样点编号字体工整、大小适中，拍照时清晰可见。剖面整修完毕后，拍摄剖面照前，切勿利用刀具等刻画剖面，避免出现刻画的层次界限、发生层次代号等情况。拍摄剖面照时，观察面除剖面尺外，避免悬挂发生层符号等无关物品。

剖面特征照片：遇到明显的新生体、结构体、侵入体或土壤动物活动痕迹等，应拍摄加微型标尺的特写照片（图 7-6）。

图 7-6　新生体（假菌丝）照片示例

第二节　土壤剖面观测

一、土壤发生层划分与命名

土壤发生层是指由成土作用形成的，具有发生学特征的土壤剖面层次，能反映土壤形成过程中物质迁移、转化和累积的特点。剖面挖掘与拍照完毕后，即可对土壤发生层进行划分与命名。

（一）发生层划分

根据剖面形态特征差异，结合对土壤发生过程的理解，划分出各个土壤发生层。剖面形态特征观察主要从目视特征和触觉特征两个角度进行。

（1）目视特征。观察肉眼可见的土壤形态学差异，包括颜色、根系、砾石、斑纹-胶膜-结核等新生体、土壤结构体类型和大小、砖瓦陶瓷等侵入体、石灰反应强弱、亚铁反应强弱等的差异。

（2）触觉特征。通过手触可感受到的土壤质地、土体和土壤结构体坚硬度或松紧度、土壤干湿情况等的差异。

（二）发生层命名

根据样点的土壤发生层特点，依据基本发生层类型及其附加特性，命名并记录土壤发生层名称与符号。首先确定剖面的基本发生层次，符号以英文大写字母表示；然后确定不同发生层的附加特性，符号以英文小写字母表示。

1. 基本发生层类型 大写字母对应的是土壤基本发生层次，代表了土壤主要的物质淋溶、淀积和散失过程。基本发生层次类型见表7-1、图7-7。

表7-1 基本发生层及其描述

编 码	描 述
O	有机层（包括枯枝落叶层、草根密集盘结层和泥炭层）
A	腐殖质表层或受耕作影响的表层
E	漂白层
B	物质淀积层或聚积层或风化 B 层
C	母质层
R	母岩
K	矿质土壤 A 层之上的矿质结壳层，如盐结壳、铁结壳等

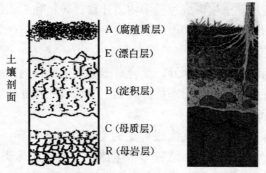

图7-7 土壤基本发生层（黄昌勇，2000；黄昌勇等，2010）

2. 发生层特性 指土壤发生层所具有的发生学上的特性，用英文小写字母（除磷聚积用希腊字母 φ 外）并列置于基本发生层大写字母之后（不是下标）表示发生层的特性。发生层特性描述见表7-2。

表 7-2 发生层特性描述

符 号	描 述
a	高分解有机物质
b	埋藏层。置于属何种性质的符号后面。例如 Btb 埋藏淀积层，Apb 埋藏熟化层
c	结皮。例如 Ac 结皮层
d	冻融特征。例如 Ad 片状层
e	半分解有机物质
f	永冻层
g	潜育特征
h	腐殖质聚积
i	低分解和未分解有机物质。例如 Oi 枯枝落叶层
j	黄钾铁矾
k	碳酸盐聚积
l	网纹
m	强胶结。置于属何种性质的符号后面。例如 Btm 黏磐，Bkm 钙磐，Bym 石膏磐
n	钠聚积
o	根系盘结
p	耕作影响。例如 Ap 表示耕作层，水田和旱地均可用 Ap1 和 Ap2 表示，Ap1 表示耕作层，Ap2 表示水田的犁底层和旱地的受耕作影响层次
q	次生硅聚积
r	氧化还原。例如水稻土、潮土中的斑纹层 Br
s	铁锰聚积。自型土中的铁锰淀积和风化残积
t	黏粒聚积。只用 t 时，一般专指黏粒淀积。由次生形成黏粒就地聚积者以 Btx 表示，黏磐以 Btm 表示
u	人为堆积、灌淤等影响

（续）

符　号	描　述
v	变性特征
w	就地风化形成的显色、有结构层。例如 Bw 风化 B 层
x	固态坚硬的胶结，未形成磐。例如 Bx 紧实层，Btx 次生黏化层。与 m 不同处在于 m 因强胶结，结构体本身不易用手掰开；而 x 则为弱胶结，结构体本身易掰开
y	石膏聚积
z	可溶盐聚积
φ	磷聚积。例如 φm 磷积层，Bφm 磷质硬磐

注：在需要用多个小写字母作后缀时，t、u 要在其他小写字母之前，如具黏淀特征的碱化层为 Btn，灌淤耕作层 Aup、灌淤耕作淀积层 Bup、灌淤斑纹层 Bur；v 放在其他小写字母之后，如砂姜钙积潮湿变性土的 B 层为 Bkv。

野外描述土壤发生层名称时，需要使用发生层符号和对应的中文名称。

如 Ah 代表自然土壤腐殖质层，Ap 代表耕作层，Bt 代表黏化层。

耕作层是长期受耕作影响而形成的土壤表层。耕作层厚度一般为 10～20 cm，部分深耕之后，可达到 25～30 cm，与下伏土层区分明显。养分含量比较丰富，土壤为粒状、团粒状或碎块状结构。耕作层由于经常受农事活动干扰和外界自然因素影响，其水分物理性质和速效养分含量的季节性变化较大。处于经常耕作深度之内的各种不同土层都能形成耕作层，标记为 Ap1。

犁底层，通常称作"耕作表下层或耕作亚层"，是指位于耕作表层之下，长期受耕犁挤压和黏粒随灌水沉积形成的较为紧实的土层。常见于水田土壤，部分旱作土壤也有出现，厚度一般为 3～10 cm，标记为 Ap2。

3. 发生层或发生特性的续分和细分　基本发生层可按其发生程度差异进一步细分为若干亚层，均以大写字母与阿拉伯数字并列表示，例如 C1、C2、Bt1、Bt2、Bt3。

（1）异元母质土层。用阿拉伯数字置于发生层符号前表示。例如，在下列二元母质土壤剖面的发生层序列（A－E－Bt1－Bt2－2C－2R）中，A－E－Bt1－Bt2 和 2C－2R 不是同源母质。

（2）过渡层。用代表上下 2 个发生层的大写字母连写，将表示具主要特征的土层字母放在前面。例如，AB 层。具舌状、指状土层界线的 2 个发生层，用斜线分隔号（/）置于中间，前面的大写字母代表该发生层的部分在整个过渡层中占优势。例如，E/B 层、B/E 层。

4. 发生层类型与附加特性常见组合　土壤主要发生层命名与符号标准见表 7－3。

表 7－3　土壤主要发生层命名与符号标准

发生层符号		发生层命名	发生学释义
表层类	Oi	枯枝落叶层	未分解的有机土壤物质组成的表层，层中仍以明显的植物碎屑为主
	Oe	半腐有机物质表层	由半腐有机土壤物质组成的表层，层中仍以植物纤维碎屑为主
	Oa	高腐有机物质表层	由高分解的泥炭质有机土壤物质组成的表层，植物碎屑含量极少
	Oo	草毡表层	高寒草甸植被下具高量有机碳有机土壤物质、活根与死根交织缠结的草毡状表层
	Ah	暗沃、暗瘠、淡薄表层	具有不同程度腐殖质累积形成的腐殖质表层，结构良好，颜色较暗
	Ap	耕作层	统一表示受耕作影响的表层
	Ap1	旱地耕作表层或水耕表层	
	Ap2	水田的犁底层或旱地受耕作影响的土层	

发生层符号		发生层命名	发生学释义
表层类	Apb	耕作埋藏层	曾经的耕作层，后因故被掩埋，在表下层层段出现颜色深暗、有机质累积的土层
	Aup	灌淤表层或堆垫表层	受人为淤积过程或堆垫过程影响形成的耕作层
	Ac	孔泡结皮层、干旱表层	在干旱水分条件下形成特有的孔泡结皮层
	Ad	片状层	
	K	盐结壳	由大量易溶性盐胶结成灰白色或灰黑色表层结壳
表下层	E	淋溶层、漂白层	由于土层中黏粒和/或游离氧化铁淋失，有时伴有氧化铁就地分凝，形成颜色主要由砂粉粒的漂白物质所决定的土层
	Bg	潜育层	长期水分饱和，导致土壤发生强烈还原的土层
	Bh	具有腐殖质特性的表下层	B层中伴有腐殖质淋淀或重力积累特征的土层，结构体内外或孔道可见腐殖质胶膜
	Bk	钙积层、超钙积层	含有含量不同的次生碳酸盐、未胶结的土层，常见各种次生碳酸盐新生体
	Bkm	钙磐（强胶结，手无法掰开）	由碳酸盐胶结或硬结，形成磐状土层，手无法掰开
	Bl	网纹层	发生在亚热带、热带地区第四系红黏土上具有网纹特征的土层
	Bn	碱积层	钠聚集层
	Br	氧化还原层	在潮湿、滞水或人为滞水条件下，受季节性水分饱和，发生土壤氧化、还原交替作用而形成锈纹锈斑、铁锰凝团、结核、斑块或铁磐

（续）

发生层符号		发生层命名	发生学释义
表下层	Bs	铁锰淀积层	在非人为影响下的自然土壤（如黄褐土、黄棕壤等）位于B层上部的铁锰淀积层
	Bt	黏化层	由于黏粒含量明显高于上覆土壤的表下层，在土壤孔隙壁、结构体表面常见厚度大于0.5 mm的黏粒胶膜
	Btv	具有变性特征的土层	具有变性特征的土层，层内可见密集相交、发亮且有槽痕的划擦面，或自吞特征
	Bw	雏形层	无或基本无物质淀积、无明显黏化但具有结构发育的B层
	Bx	紧实层（弱胶结，手可以掰开）	固态坚硬，但未形成磐状层
	Btx	次生黏化层	发生原位黏化（或次生黏化），黏粒含量明显高于上层的紧实层
	Btm	黏磐（强胶结，手无法掰开）	形成黏粒胶结的磐状层，手掰不开
	By	石膏层、超石膏层	富含不同含量的次生石膏、未胶结和未硬结的土层
	Bym	石膏磐（强胶结，手无法掰开）	由石膏胶结形成的磐状层
	Bz	盐积层、超盐积层	易溶性盐类富集的土层
	Bzm	盐磐（强胶结，手无法掰开）	以氯化钠为主的易溶性盐类胶结或硬结形成的磐状层
	Bφ	磷聚积层	具有富磷特性的土层
	Bφm	磷质硬磐	由磷酸盐和碳酸钙胶结或硬结形成的磐状土层
母质层	C	母质层	岩石风化后的残积物层或经过机械搬运的沉积层，未见任何土壤结构
母岩层	R	基岩	形成土壤的基岩

常见的土壤发生层类型与附加特性组合如下。

Ap：耕地和园地的表层。

Ah：林地和草地的表层。

Bg、Cg：长期滞水的土层。

Bk：有碳酸钙假菌丝体、粉末和砂姜的土层。

Bt：黏粒积聚的土层（黏淀层），常见于棕壤、褐土等。

Br：有铁锰斑纹和铁锰结核的土层，常见于水稻土、潮土等。

Bv：变性特征土层，常见黄淮海平原地区的砂姜黑土。

Az、Bz、Cz：盐积层，常见于草甸盐土、滨海盐土等。

二、土壤剖面形态观察与记录

外业调查应记录每个土壤发生层的形态学特征，包括发生层深度、边界、颜色、根系、质地、结构、砾石、结持性、新生体、侵入体、土壤动物、石灰反应、亚铁反应等指标。土壤剖面形态调查信息采集项目清单，见附表 2。外业调查时，需同时完成移动终端App 电子版和纸质版调查表信息填报。纸质版调查表填报完成后，提交至省级土壤普查办。

（一）发生层性状

1. 深度　记录每个发生层的上界和下界深度，如 0～15 cm、15～32 cm。位于矿质土壤 A 层之上的 O 层和 K 层，由 A 层向上记录其深度，并前置"＋"。例如 Oi＋4～0 cm；Oe＋2～0 cm；Kz＋1～0 cm。

2. 边界　观察相邻发生层之间的过渡状况。记录其过渡形状和明显度两个指标（表 7 - 4、图 7 - 8）。

表 7 - 4　发生层层次过渡描述

	过渡形状	
编　码	描　　述	说　　明
S	平滑	指过渡层呈水平或近于水平
W	波状	指土层间过渡形成凹陷，其深度＜宽度

(续)

编码	描述	交错区厚度（cm）	编码	描述	交错区厚度（cm）
I	不规则	指土层间过渡形成凹陷，其深度＞宽度			
B	间断	指土层间过渡出现中断现象			
		明显度			
A	突变	＜2	G	渐变	5～12
C	清晰	2～5	F	模糊	≥12

注：不规则过渡土层的厚度或深度应按实际变幅描述，如 10/12～16/30 cm。

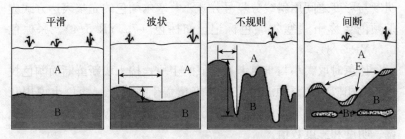

图 7-8 土层间的过渡形式

3. 颜色 土壤颜色首先取决于土壤的化学组成和矿物组成，其次一部分继承于成土母质或较大一部分来自成土过程。黑色主要是由腐殖质染黑作用引起，还有黑色原生矿物（黑云母、角闪石、辉石等）、新生的黑色氧化物（磁铁矿）和硫化物（水化黄铁矿），以及母岩、母质赋予的有机碳。红色主要是由含铁氧化物引起。土壤红色程度的变化，一方面受氧化铁水化度的影响，另一方面受土壤中氧化铁含量的影响。在相似的氧化铁含量下，随着氧化铁水化度的降低，土壤颜色由黄向红发展；而在水分状况相同条件下，土壤红色随游离氧化铁含量增加而加深。白色主要与土壤中的石英、高岭土、碳酸盐和其他可溶盐等物质有关（朱克贵，1996）。黄色与黄化过程有关，针铁矿多。灰蓝或灰青色与潜育化过程有关，长期泡水，土壤处于还原过程，蓝铁矿和菱铁矿较多。

土壤颜色使用蒙塞尔（Munsell）颜色体系表征。蒙塞尔颜色体系包括色调（Hue）、明度或色值（Value）、彩度或色阶（Chroma）。色调共有 10 个，R（红）、Y（黄）、G（绿）、B（蓝）、P（紫）、YR（黄红）、GY（绿黄）、BG（蓝绿）、PB（紫蓝）、RP（红紫），前 5 个是主要颜色，后 5 个是中间颜色。明度即颜色的相对明亮度，自上而下白色的明度最高，黑色的明度最低。彩度即颜色的鲜艳程度，与其相对纯度或饱和度有关，自左向右颜色逐渐鲜艳，由右向左颜色逐渐变灰。蒙塞尔颜色标记的排列顺序为色调、明度、彩度，如某土壤的色调为 5YR、明度为 5、彩度为 6，则其颜色标记为 5YR 5/6。书写时在色调值后空一字符后接排明度，在明度与彩度之间用斜线分隔号分开。蒙塞尔颜色的完整表达方式应是颜色名称＋蒙塞尔颜色标记，如棕色（7.5YR 5/4）、深棕色（7.5YR 3/3）。

比色时取大小与土色卡片相似的土块，按土块新鲜断面颜色找出与其相似的色调页，并将框格卡覆盖于色片上（淡色土壤用灰卡，暗色土壤用黑卡），露出与土壤颜色接近的色片，即可读取色调、明度和彩度数值。

野外统一获取润态土壤颜色，可使用喷水壶调节土壤湿度。如果野外不具备比色条件，室内利用采集的纸盒样品，先比干态颜色，再滴水比润态颜色，并及时补充上报颜色数据。

若同一土层两种物质相互混杂，有两种以上的土壤底色时，对不同的底色分别加以描述，并描述不同颜色的面积占比。

色卡不应长时间曝光，更不能在强烈阳光下照射以防退色；色卡要保持清洁，若沾泥污，可用干净湿布轻揩，不能用任何溶剂洗擦。

土壤颜色信息获取，统一使用《中国标准土壤色卡》、日本《新版标准土色帖》或美国 *Munsell Soil Color Book* 最新版，颜色名称需按规范翻译。

4. 根系 记录土体中植物根系的形态特征，包括丰度、粗细状况（表 7-5）以及根系性质。

表 7 - 5　根系描述

丰度				粗　细		
编码	描述	极细和细根（条/dm²）	中、粗和很粗根（条/dm²）	编码	描述	直径（mm）
N	无	0	0	VF	极细	<0.5
V	很少	<20	<2	F	细	0.5～2
F	少	20～50	2～5	M	中	2～5
C	中	50～200	≥5	C	粗	5～10
M	多	≥200		VC	很粗	≥10

（1）丰度。分为 5 级，分别为无、很少、少、中、多。

（2）粗细。按直径可分为极细（<0.5 mm）、细（0.5～2 mm）、中（2～5 mm）、粗（5～10 mm）、很粗（≥10 mm）。

（3）根系性质。活的或已腐烂的木本或草本植物根系。

5. 质地　野外调查一般采用"指测法"简易判断土壤质地，可分干（润）测法和湿测法。

（1）干（润）测法如下。

砂土：松散的单粒状颗粒，能够见到或感觉到单个砂粒。干时若抓在手中，稍松开后即散落，润时可呈一团，但一碰即散。

砂壤土：干时手握成团，但极易散落，润时握成团后，用手小心拿起不会散开。

壤土：松软并有砂粒感，平滑，稍黏着。干时手握成团，用手小心拿起不会散开；润时握成团后，一般性触动不致散开。

粉壤土：干时成块，但易弄碎，粉碎后松软，有粉质感。润时成团，为塑性胶泥。干、润时所呈团块可随便拿起而不散开。

黏壤土：破碎后呈块状，土块干时坚硬。润时可塑，手握成团，手拿起时更加不易散裂，反而变成坚实的土团。

黏土：干时为坚硬的土块，润时极可塑，通常有黏着性，手指间搓成长的可塑土条。

（2）湿测法如下。

取少量土壤，除去石砾和根系，加适量水调湿，手感呈似黏手又不黏手状态为佳。

砂土：不能形成细条。

砂壤土：开始有完整的细条。

壤土：搓条时细条裂开。

粉壤土：细条是完整的，卷环时裂开。

黏壤土：细条是完整的，卷环时有裂痕。

黏土：细条是完整的，环是坚固的。

6. 结构 指土壤颗粒（包括团聚体）的排列与组合形式。它可反映土壤肥力程度（如团粒结构）和鉴定土壤类型（如砂姜黑土的楔形结构）等。一般土壤表层为团粒结构或块状结构，犁底层由于受到机械压实一般为片状结构，心土层一般为块状结构或核状结构（如质地黏重的心土层）、柱状结构或棱柱状结构（如碱土的碱化层和水稻土的潴育层），底土层为块状结构。砂质土壤一般为单粒结构。野外调查中，主要记录土壤结构的类型、大小和发育程度（表7-6、图7-9、表7-7）。

表7-6 土壤结构形状描述

编 码	形 状	描 述
A	片状	表面平滑
B	鳞片状	表面弯曲
C	棱柱状	边角明显无圆头
D	柱状	边角较明显有圆头
E	角块状	边角明显多面体状
F	团块状	边角浑圆
H	粒状	浑圆少孔
I	团粒状	浑圆多孔
J	屑粒状	多种细小颗粒混杂体

（续）

编　码	形　状	描　述
K	楔状	类似锥形木楔形状
L	单粒	无结构单元，颗粒间无黏结性
M	整块状	无结构单元，连续的非固结体
N	湖泥状	无结构单元，出现于潜育层中

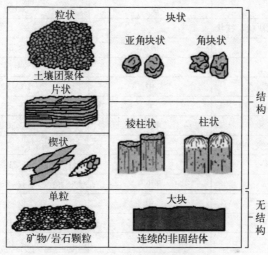

图 7-9　土壤结构体形状

表 7-7　土壤结构描述

形状大小（指结构单元最小维度的尺度）		
编码	描述	大小（mm）
片状、鳞片状		
VF	很薄	<1
FI	薄	1～2
ME	中	2～5
CO	厚	5～10
VC	很厚	≥10

（续）

编码	描述	大小（mm）
柱状、棱柱状、楔状		
VF	很小	＜10
FI	小	10～20
ME	中	20～50
CO	大	50～100
VC	很大	≥100
角块状、团块状、核状		
VF	很小	＜5
FI	小	5～10
ME	中	10～20
CO	大	20～50
VC	很大	≥50
粒状、团粒状、屑粒状		
VF	很小	＜1
FI	小	1～2
ME	中	2～5
CO	大	5～10
VC	很大	≥10
整块状		
FS	细沉积层理	
FMA	风化矿物结晶	

发育程度

编码	描述
VW	很弱（保留大部分母质特性）
WE	弱（保留部分母质特性）
MO	中（保留少量母质特性）
ST	强（基本没有母质特性）
VS	很强（没有母质特性）

注：片状、鳞片状、柱状、棱柱状、楔状、角块状、团块状、核状衡量大小的指标为厚度；粒状、团粒状、屑粒状衡量大小的指标为直径。

观察时应注意：观察土壤结构最好在土壤含水量中等的情况下，可以用喷壶适量喷水；有两种或两种以上结构体时，应分别记录；在观察时，应注意胶结物质的类型（腐殖质胶结、碳酸盐胶结、铁铝氧化物胶结、硅酸胶结）；注意剖面发生层上下的结构差异；冲积物母质形成的土壤（如潮土、新积土等），其底部常见一个个"片状层次"，不是片状结构，而是冲积层理。

7. 土体内砾石　指土体中能够从土壤分离出的>2 mm的岩石和矿物碎屑。

主要记录砾石的丰度（指每个发生层内所有砾石的体积占相应发生层体积的百分比，可用目测法、砾石重量与密度计算法、体积排水量法等方法估测，单位：%）、重量（指野外利用5 mm孔径尼龙筛分离的直径大于5 mm的砾石重量，单位：g）、大小、形状、风化状态等，砾石大小、形状、风化状态描述见表7-8。填报土体内砾石丰度时，用实际估测的砾石体积百分比（%）数值表示，不超过5%时，可填0、2%、5%；超过5%时，以5%为间隔填报具体数字。

表7-8　岩石和矿物碎屑描述

	编码	描述	直径（mm）	与地表砾石相当等级
大小	A	很小	<5	细砾
	B	小	5~20	中砾
	C	中	20~75	粗砾
	D	大	75~250	石块
	E	很大	≥250	巨砾
	编码	描述	编码	描述
形状	P	棱角状	SR	次圆状
	SP	次棱角状	R	圆状

（续）

风化程度	编码	描述	说明
	F	微风化（包括新鲜）	没有或仅有极少的风化特征
	W	中等风化	砾石表面颜色明显变化，原晶体已遭破坏，但部分仍保新鲜状态，基本保持原岩石强度
	S	强风化	几乎所有抗风化矿物均已改变原有颜色，施加一般压力即可把砾石弄碎
	T	全风化	所有抗风化矿物均已改变原有颜色

8. 结持性 记录土壤结构体在手中挤压时破碎的难易程度。结持性受土壤含水量影响而变化，野外可喷水调节湿度，观察润态条件下的结持性（表7-9）。

表7-9 土壤结持性描述

编 码	描 述
LO	松散
VFR	极疏松
FR	疏松
SI	稍坚实-坚实
FI	很坚实
VFI	极坚实

资料来源：张甘霖等，2022。

松散：土壤物质间无黏着性（两指相互挤压后无土壤物质附着在手上）。

极疏松：在大拇指与食指间施加极轻微压力下即可破碎。

疏松：土壤物质有一定的抗压性，在拇指与食指间较易压碎。

稍坚实-坚实：土壤物质抗压性中等，在拇指和食指间难压碎，但以全手挤压时可以破碎。

很坚实：土壤物质的抗压性极强，只有全手使劲挤压时才可破碎。

极坚实：在手中无法压碎。

9. 新生体 指土壤发育过程中物质重新淋溶淀积和集聚的生成物。从成分上包括易溶性盐类、石膏、碳酸钙、二氧化硅、铁锰氧化物、腐殖质等，从形态上分为斑纹、胶膜、粉状结晶、结核、磐层胶结等。

野外应配备微型标尺，单独拍摄新生体特征照片。

（1）斑纹。与土壤基色不同的线状物或斑块状物，一般是由氧化（干态）还原（湿态）交替作用形成（图 7 - 10）。一般水稻土、潮土等常见。斑纹定量描述见表 7 - 10。斑纹表面积定量估测见图 7 - 11。

图 7 - 10 铁（锰）斑纹

表 7 - 10 斑纹定量描述

丰度		
编码	描述	面积占比（%）
N	无	0
V	很少	<2
F	少	2~5
C	中	5~15
M	多	15~40
A	很多	≥40

（续）

大小

编码	描述	直径（mm）
V	很小	<2
F	小	2～6
M	中	6～20
C	大	≥20

组成物质

编码	描述	
D	铁氧化物	
E	锰氧化物	
F	铁锰氧化物	
B	高岭石	
C	二氧化硅	
OT	其他	

位置

编码	描述	
A	结构体表面	
B	结构体内	
C	孔隙周围	
D	根系周围	

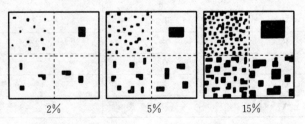

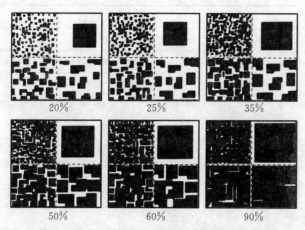

图 7-11　斑纹、胶膜、滑擦面表面积定量估测（张甘霖等，2022）

（2）胶膜。指土壤孔隙壁、土壤结构体或矿质颗粒表面，由于土壤某种成分的凝聚或细土物质就地改变排列所形成的膜状物，颜色可因组成成分不同而有棕、黄、灰等颜色。常见于棕壤、水稻土等。胶膜描述见表 7-11，其中黏粒胶膜和铁锰胶膜见图 7-12。

表 7-11　胶膜描述

丰度		
编码	描述	面积占比（%）
N	无	0
V	很少	<2
F	少	2~5
C	中	5~15
M	多	15~40
A	很多	40~80
D	极多	≥80

（续）

位置

编码	描述
P	结构面
PV	垂直结构面
PH	水平结构面
CF	粗碎块
LA	薄片层
VO	孔隙
NS	无一定位置

组成物质

编码	描述
C	黏粒
CS	黏粒-铁锰氧化物
H	腐殖质（有机质）
CH	黏粒-腐殖质
FM	铁锰氧化物
SIL	粉砂
OT	其他

与土壤基质对比度

编码	描述
F	模糊
D	明显
P	显著

对比度说明

模糊：只有用 10 倍的放大镜才能在近处的少数部位看到，与周围物质差异很小。

明显：不用放大镜即可看到，与相邻物质在颜色、质地和其他性质上有明显差异。

显著：胶膜与结构体内部颜色有十分明显的差异。

图 7-12 黏粒胶膜（左）、铁锰胶膜（中、右）

（3）矿质瘤状结核。土壤发生过程中形成的粉状、瘤状、管状物等，主要由无机物质的次生晶体、微晶体、无定形结核构成（包括易溶盐、碳酸钙等形成的粉状物质），描述其丰度、种类、大小、形状、硬度、组成物质等项目（表 7-12）。铁锰结核、砂姜新生体见图 7-13 和图 7-14，假菌丝体见图 7-6。

图 7-13 铁锰结核　　　　　图 7-14 砂姜（碳酸钙结核）

表 7-12　矿质瘤状结核描述

丰度		
编码	编码	体积占比（%）
N	无	0
V	很少	<2

（续）

F	少	2～5
C	中	5～15
M	多	15～40
A	很多	40～80
D	极多	≥80

种类

编码	描述
T	晶体
C	结核
S	软质分凝物
B	假菌丝体
L	石灰膜
N	瘤状物
R	残留岩屑

大小

编码	描述	直径（mm）
V	很小	＜2
F	小	2～6
M	中	6～20
C	大	≥20

形状

编码	描述
R	球形
E	管状
F	扁平
I	不规则
A	角块
P	粉状

（续）

硬度	
编码	描述
H	用小刀难以破开
S	用小刀易于破开
B	硬软兼有
P	软

组成物质	
编码	描述
CA	碳酸钙（镁）
Q	二氧化硅
FM	铁锰氧化物
GY	石膏
SS	易溶盐
OT	其他（需注明）

　　（4）磐层胶结。指坚硬的层次，组成磐层的物质湿时具有强烈的结持性，在水中 1 h 也不分散，包括黏磐（湿润地区土壤常见，黏化作用强，黏粒淋淀强）、铁磐（水稻土常见，铁下移淀积）、盐磐（盐碱土常见）、石膏磐（干旱地区常见，分布于土体中下部）、钙磐（石灰岩地区土壤常见）、磷磐（热带海岛，鸟多人少无干扰）。磐层胶结与紧实状况描述见表 7 - 13。

　　10. 滑擦面　指砂姜黑土（变性土）由于 2∶1 胀缩型黏粒矿物含量高，表下层土壤受挤压而相对移动过程中由黏粒致密排列形成的磨光面（不是黏粒胶膜）。滑擦面示例见图 7 - 15，描述见表 7 - 14，表面积定量估测见图 7 - 11。

表 7 - 13　磐层胶结与紧实状况描述

项目	编码	描述	项目	编码	描述
胶结程度	N	无	胶结物质	K	碳酸盐
	Y	紧实但非胶结		Q	二氧化硅
	W	弱胶结		KQ	碳酸盐-二氧化硅
	M	中胶结		F	铁氧化物
	C	强胶结		FM	铁锰氧化物
成因	NA	自然形成		FO	铁锰-有机质
	MM	机械压实		GY	石膏
	AP	耕犁		C	黏粒
	OT	其他（需注明）		CS	黏粒-铁锰氧化物

图 7 - 15　滑擦面

表 7 - 14　滑擦面描述

编　码	描　述	面积占比（％）	编　码	描　述	面积占比（％）
N	无	0	M	多	15～50
V	少	<5	A	很多	≥50
C	中	5～15			

11. 侵入体　指非土壤固有的，而是由外界进入土壤的特殊物质。描述和记录侵入体类型与丰度（表 7 - 15），包括草木炭、陶

瓷碎片、煤渣、贝壳、工业粉尘、废弃液、文物及砖、瓦、水泥、钢筋建筑物碎屑等。

表 7 - 15　土壤侵入体描述

组成物质			
编码	类型	编码	类型
CH	草木炭	BF	贝壳
CF	陶瓷碎片	CC	煤渣
ID	工业粉尘	WL	废弃液
PS	砖、瓦、水泥、钢筋等建筑物碎屑	OT	其他（需注明）

丰度		
编码	描述	体积占比（％）
N	无	0
V	很少	<2
F	少	2～5
C	中	5～15
M	多	≥15

12. 土壤动物　土壤动物数量的多少也是间接反映土壤肥力高低的指标之一。常见的土壤动物有蚯蚓、蚂蚁、昆虫和田鼠等。在描述中，除了描述和记录土壤动物的类型、丰度（表 7-16）外，同时，更要注重观察和描述土壤动物活动对土壤性状、土壤利用的影响，如动物孔穴、动物压实、蚯蚓粪等数量，对根系、适耕性产生的影响。

表 7 - 16　土壤动物描述

种类	
编码	类型
EW	蚯蚓
AT	蚂蚁/白蚁
FM	田鼠
BT	甲虫
OT	其他（需注明）

（续）

丰度

编码	描述	动物个数
N	无	0
F	少	<2
C	中	3~10
M	多	≥10

影响情况

动物孔穴蚯蚓粪

注：如观察到动物粪便，其丰度描述由观察者决定，编码和描述同动物个数。

13. 野外速测特征 野外速测特征主要包括土壤石灰反应、亚铁反应、碱化反应和酸碱反应等（表7-17）。

表7-17 土壤简易化学反应描述

石灰反应

编码	描述	等级
N	无气泡	无（/）
SL	有微小气泡，但听不到声音	轻度石灰性（+）
MO	有明显气泡，有微弱声音	中度石灰性（++）
ST	气泡发生激烈，并能听到声音	强石灰性（+++）
EX	气泡发生剧烈，并能听到明显声音	极强石灰性（++++）

亚铁反应

编码	描述	等级
N	无色	无（/）
SL	微红	轻度（+）
MO	红	中度（++）
ST	深红	强度（+++）

土壤碱化反应

编码	描述	等级
N	无色	无（/）
SL	淡红	轻度碱化（＋）
MO	红	中度碱化（＋＋）
ST	紫红	强度碱化（＋＋＋）

土壤酸碱反应

编码	描述	等级
AC	pH＜6.5	酸性
NE	pH 6.5～7.5	中性
AL	pH＞7.5	碱性

（1）石灰反应（盐酸泡沫反应）。测定石灰性土壤中碳酸盐的含量。野外测定时用手指把土壤压碎，取一土块滴加 10％盐酸，观察冒泡的程度和响声。

（2）亚铁反应。适用于可能具有潜育化过程或特征的土壤类型。野外鉴定还原性土壤中的 Fe^{2+}，加入邻菲罗啉试剂，制成橘红色配合物。

（3）碱化反应。判别碱化土壤，用酚酞指示剂测定。

（4）酸碱反应。可利用混合指示剂比色法速测土壤酸碱度。取少量土壤放入干净的白瓷盘穴中，滴加 5 滴混合指示剂，搅拌均匀，使土壤与混合指示剂充分反应，倾斜白瓷盘并观察土壤溶液颜色，与标准比色卡进行比色，记录土壤 pH。

（二）土体性状

（1）有效土层厚度。有效土层厚度是从地表起植物根系可垂直延伸到可吸收养分的土层厚度（不含半风化体、2 mm 以上砾石或卵石含量超过 75％的碎石层）。当土体中有障碍层时，为障碍层上界面以上的土层厚度，记录其实际数值。当土体中既无碎石层也无障碍层时，为母质层上界面以上深度。观察并记录有效土层厚度。单位：cm。

（2）土体厚度。指母岩层以上，由松散土壤物质组成的，包括表土层、心土层、母质层（不含半风化体、2 mm 以上砾石或卵石含量超过 75% 的碎石层）在内的土壤层总厚度。观察并记录土体厚度，单位：cm。土体厚度超过 120 cm 时，记录到剖面挖掘的120 cm 深度，或者记录野外实际观测深度。

（三）地下水出现的深度

挖掘剖面时，观察并记录地下水出现的深度，单位：cm。挖掘剖面时，若观察到地下水出现，地下水深度描述为地下水实际出现时的深度，如 60 cm；若未观察到地下水出现，地下水深度描述为大于剖面挖掘的深度，如大于 150 cm。

（四）土壤类型野外判断

采用中国土壤地理发生分类和中国土壤系统分类两套分类体系并行的方式，外业调查时需判定剖面样点土壤类型。

中国土壤地理发生分类依据《第三次全国土壤普查暂行土壤分类系统（试行）》，鉴定到土种级别（森林土壤可根据实际调查情况到土属级别）。

中国土壤系统分类依据《中国土壤系统分类检索（第三版）》，检索到亚类级别。

（五）土壤剖面野外评述

对土壤剖面形态学特征、成土环境等观察与描述后，应对所观察的剖面进行综合评述，主要内容分为针对土壤剖面形态的发生学解释，以及土壤生产性能评述等。

（1）土壤剖面形态的发生学解释。针对土壤剖面的形态学特征，分析其与成土环境条件、形成过程之间的关系。例如，剖面中出现铁锈斑纹新生体，说明剖面中具有（或曾经有）水分上下运动的过程，而出现了氧化还原交替即潜育化过程；剖面中出现砂姜、假菌丝新生体，表明土壤发生有钙积过程。对于某些野外难以理解的特征，应标注现象、特征与疑问，以便室内进一步分析时再做判定，并通过在线平台向专家远程咨询。

（2）土壤剖面的生产性能评述。生产性能评述包括记录和评价土壤适耕性、障碍因素与障碍层次、土壤生产力水平及土宜情况，提出土壤利用、改良、修复等的建议。

土壤障碍层次包括黏化层、钙积层、盐积层、碱积层、潜育层、白浆层、灰化层、冻土层等。河北省土壤中常见的障碍层有黏化层、钙积层、盐积层、碱积层、潜育层等。

黏化层是土壤剖面中黏粒形成和积累的土层，包括残积黏化（华北平原北部的褐土）和淀积黏化（棕壤）。该土层所形成的土壤质地黏重，耕性不良，透水性能极差，丰水季节易造成土体上层滞水，影响根系的正常生长，对植物构成渍害，严重时可引起树木的烂根和死亡。钙积层是干旱或半干旱地区土壤碳酸钙发生移动和积累的土层（栗钙土、栗褐土、褐土等）。如果母质富含钙质，而雨量又不足以将石灰淋溶，则易形成"钙积层"，钙积层出现的深度不一样对土壤的影响也不同。盐积层是指易溶盐类富集的土层（草甸盐土、滨海盐土等）。碱积层是交换性钠含量高的特殊淀积黏化层（碱土），呈柱状或棱柱状结构。潜育层是指土壤长期渍水，受到有机质厌氧分解，而铁锰强烈还原，形成的灰蓝-灰绿色土层，又称灰黏层、青泥层（水稻土、沼泽土）。潜育层出现的部位离地表越近，土性越冷。

第三节　剖面土壤样品采集

一、土壤发生层样品采集

按照剖面发生层顺序，自下而上取样。

每个发生层内部，在水平方向上均匀布设多个采样条带，在垂直方向上每个采样条带需全层采样。使用竹木质、塑料质、不锈钢质等工具采集土壤样品。剔除明显可见的根系等。每个发生层采集以风干重计的土壤样品 3 kg（建议采集鲜样 5 kg）设为检测平行样的样点，土壤剖面 A 层（第一个发生层）以风干重计的土壤样品

5 kg（建议采集鲜样 8 kg），其他发生层采集以风干重计的土壤样品不少于 3 kg（建议采集鲜样 5 kg）。

针对含砾石的剖面土壤，采样时，野外需使用 5 mm 孔径的尼龙筛分离较大砾石，野外称量并记录较大砾石的重量（g），将过筛后的细土样品（粒径小于 2 mm）和较小砾石（粒径 2～5 mm）全部装入样品袋，舍弃较大砾石。待样品流转至样品制备实验室风干后，称量并记录全部细土和较小砾石样品重量（g），按土壤样品制备要求，均匀分出需要过孔径 2 mm 尼龙筛的样品，称量并记录过筛样品重量（g）、过筛后细土重量（g）、过筛后较小砾石重量（g）。其余风干样品不需研磨和过 2 mm 筛，留作土壤样品库样品。

针对含砾石的剖面土壤样品，野外在样品过 5 mm 孔径尼龙筛之前，不可舍弃细土样品和砾石。采集的小于 2 mm 粒径的细土样品重量以风干重计需不少于 3 kg；若设置为检测平行样，以风干重计需不少于 5 kg。

当土壤发生层中砾石体积占比超过 75% 时，不采集土壤样品。

二、土壤容重样品采集

用不锈钢环刀（统一用 100 cm³ 体积的环刀）采集剖面土壤容重样品。具体操作如下。

每个发生层均采集 3 个容重平行样品。

每个发生层的 3 个容重平行样的采样位置在该发生层内垂直方向上均匀分布。若发生层较薄，需在发生层内水平方向上均匀分布。

针对 A 层，可垂直于观察面横向打入环刀，也可垂直于地表纵向打入环刀；针对 A 层之下的其他层次，垂直于观察面横向打入环刀。

针对含砾石的土壤，当土体内砾石丰度不超过 20% 时，需采集容重样品；当土体内砾石丰度超过 20% 时，不采集容重样品。

采集过程中，不可压实环刀内的土壤样品，也不可松动环刀内的土壤样品。削平环刀两端的土壤面后，要求环刀内的土壤样品处于原始结构状态，并充满整个环刀。

把容重样品从环刀中取出，装入塑料自封袋。每个容重样品，均单独标记入袋。

三、土壤水稳性大团聚体样品采集

采集土壤剖面 A 层（第一个发生层）的土壤水稳性大团聚体样品，以风干重计的采样量为 2 kg（建议采集鲜样 3.5 kg）；设为检测平行样的样点，以风干重计的采样量为 4 kg（建议采集鲜样 7 kg），平均分装成两份，每份 2 kg。采集的原状土壤水稳性大团聚体样品需置于不易变形的容器（硬质塑料盒、广口塑料瓶等）内保存和运输。林地和草地剖面样点不采集土壤水稳性大团聚体样品。

四、纸盒土壤标本采集

剖面样点中属于国家整段土壤标本采集点的，采集纸盒土壤标本一式 4 份（其中，国家 3 份、省级 1 份），其他剖面样点采集纸盒土壤标本 1 份。

针对每个剖面样点，国家级土壤样品库建设需要 3 份，省级土壤样品库建设需要 1 份。此外，剖面样点中属于国家整段土壤标本采集任务点位的，应同时采集国家纸盒土壤标本一式 3 份。纸盒长 32.5 cm、宽 8.5 cm、高 3.5 cm，共 6 格。

（1）位置选择。按发生层分别选择代表该层特征的部位。若某层具有明显不均质的形态特征时，则需同时选择该层具有不同形态特征的部位。若某发生层较厚时，可在该层垂直向上按性状分异取至少 2 个部位，占用两个纸盒格子。若出现基岩，应采集岩石样本放入纸盒最后一格。

（2）标本采集。标本采集步骤如下。

在选定的部位上按格子大小画出轮廓，削去周围土壤，挖出土块。

　　用小刀切去大于盒格体积的土壤，剪除露出的根系，放入盒格内，土块应尽量填满盒格，剥离出自然结构面，并与格沿基本齐平。

　　纸盒内土块上下方向应与剖面保持一致，土块的展示面与剖面观察面一致。

　　在盒格侧面注明所代表土壤发生层的层次上下界深度，盒盖上清晰工整填写样点编号、地点、经纬度、土壤发生分类和系统分类名称、海拔、地形、母质、植被、土层符号、土层深度、采集人及单位、采集日期等信息，纸盒底部外侧用黑色记号笔清晰工整标记样点编号。

五、整段土壤标本采集

　　采用木盒装整段土壤标本，木盒内径高 100 cm×宽 22 cm×厚 5 cm，其框架和后盖板用 2 cm 厚木板制成，前盖板稍薄。前后盖板用螺钉固定在框架上，可随时卸离。野外采集流程如下：

　　（1）挖土壤剖面。用锨、锹、镐、铲等工具在确定的位置挖土坑，为便于实地操作，所挖的土坑尺度应比标准剖面稍大。

　　（2）修整剖面。先用平头铲将剖面表面略微修平，再用木条尺在表面反复摩擦。有尺痕处即为凸面，应用油漆刀铲去，如此反复，直至剖面表面修平。

　　（3）修切土柱。用剖面刀在剖面上划出土柱尺寸，用刀切去线外多余土壤，整修出与木盒内径相同的长方形土柱。在铲挖土柱两个侧面时，要用木条尺反复摩擦，多次修正，直至侧面光滑平整。

　　（4）框套土柱。将土柱底部挖空，将木框架套入，用大剖面刀削平土柱，盖上后盖并用螺钉固定。同时用棍杖顶住木盒，保证勿倾倒。

　　（5）分离土柱。自上而下小心在木盒两侧将土柱切出，可以用手锯将土柱从背面锯断。遇到植物根系要用修枝剪剪去。当上部部分土柱与坑壁分离后，即用约 10 cm 宽的布带绕捆木盒和土柱以防土柱倒塌。当绕捆至土柱大半时，插入铁铲或撬棒，将土柱向后倾倒，抬出土坑，平放地面。

（6）封装运输。解开布带，去除表面多余土壤。铺上塑料薄膜并将面板盖上，用螺钉固定。在木盒上写上标记后，用大块泡沫"布"包裹。外面用宽布带捆牢，即可运输至室内制作。

注意上述方法在采集多砾石、疏松或湿土时需要小心谨慎操作。

剖面样点中属于国家整段土壤标本采集任务点位的，应同时采集国家整段土壤标本一式 3 份。

六、剖面样点地下水与灌溉水样品采集

盐碱地普查和盐碱土调查区，需要采集剖面样点的浅层地下水及地表灌溉水样品。地下水和灌溉水样品各采集 1 L，盛装于塑料瓶中。一般应采集清澈的水样。取样前，应先用采集的水样荡洗塑料瓶。取样后，立即将塑料瓶盖紧、密封，写明样点编号、取样日期、水样类型。水样运输过程需低温（4 ℃）保存。确保采样、保存、运输等过程不污染水样。

七、剖面土壤调查采样照片采集

需要拍摄的照片类型除景观照和剖面照外，还包括如下类型。

（1）技术领队现场工作照。每个样点 1 张，拍摄技术领队现场工作正面照，照片中含采样工具。

（2）剖面坑场景照。每个样点 1 张，照片应清晰完整展示挖掘完毕的整个剖面坑、修整好的观察面以及挖出的堆放在剖面坑两侧的土。

（3）土壤容重样品采集照。每个样点 1 张，首先将不锈钢环刀打到位，且还未从土壤中挖出环刀，此时把环刀托取下，拍摄环刀无刃口端的土壤面状态。

（4）土壤水稳性大团聚体样品照。每个样点 1 张，拍摄样品装入容器后的土壤样品状态。

（5）纸盒土壤标本照。每个样点 1 张，野外利用数码相机拍摄纸盒土壤标本采集完成后的照片。拍照时，取下纸盒顶盖，展示出土壤标本，并将顶盖与底盒并排摆放整齐，纸盒顶盖完整标记样点编号、采样深度等全部信息，将数码相机镜头垂直纸盒土壤标本进行拍摄。

（6）整段土壤标本照。适用于国家整段土壤标本采集的样点，每个样点1张，野外利用数码相机拍摄整段土壤标本采集后、未安装上盖的照片。照片内容应包含整段土壤标本的全貌、样点编号等信息。

（7）剖面形态特征特写照。适用于有明显的新生体、结构体、侵入体或土壤动物活动痕迹等的剖面样点，每个样点1张，野外利用数码相机拍摄，且应摆放微型标尺。

（8）剖面点所在景观位置断面图照片。手绘出剖面点所在景观位置断面图（图7-16、图7-17），拍照或扫描上传土壤普查平台。断面图应反映剖面点所在位置的景观特征（地形、土地利用、母质等）、断面方位、水平距离、剖面点位置、剖面编号等信息。

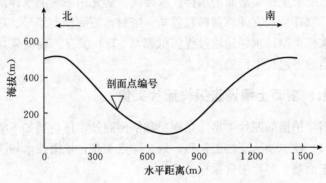

图7-16　丘陵区断面示例图

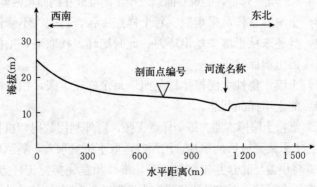

图7-17　平原区断面示例图

（9）其他照片。外业调查队认为需要拍摄的其他照片。

土壤剖面形态调查信息采集项目清单及填报说明见附表4。

八、剖面土壤样品包装与流转

（一）剖面土壤样品包装

剖面土壤样品一般可直接装入布袋，含盐量高和渍水样品需先装入塑料自封袋再外套布袋；土壤容重样品可装入塑料自封袋中；土壤水稳性大团聚体样品需装入固定体积的容器中。统一印制或现场打印样品标签，一式两份，附带样品编码、二维码、采样日期等基本信息。样品包装内外各一份样品标签。对于剖面土壤发生层样品，一份标签可贴在样品袋口的硬质塑料基底上，另一份标签先置入微型塑料自封袋中，再装入样品袋内。对于剖面土壤容重样品或剖面土壤水稳性大团聚体样品，一份标签直接贴在塑料自封袋或塑料瓶（盒）的外部，另一份标签先置入微型塑料自封袋中，再装入容器内。

纸盒土壤标本盖上盒盖后，用橡皮筋捆绑，以防盒子松散、标本混撒。纸盒土壤标本正面朝上，单独妥善存放于纸箱或塑料箱等容器内，避免运输过程中造成标本损坏。

剖面土壤标本使用长方体木盒封装。

（二）剖面土壤样品暂存与流转

土壤样品采集后应及时流转至样品制备实验室，采集后至流转前的暂存期间，应妥善保存于室内。暂存样品的室内环境应通风良好、整洁、无易挥发性化学物质，并避免阳光直射。装有土壤发生层样品的布袋应单层摆放整齐，使样品处于通风状态，避免样品堆叠存放，避免土壤发霉、样品间交叉污染及受外界污染等。针对含水量高的土壤发生层样品，外业调查队需先对样品进行风干处理，然后再流转。土壤水稳性大团聚体样品在运输和暂存期间，特别需要避免剧烈震动造成的土体机械性破碎，需要及时流转至样品制备实验室，以保持田间含水量状态，避免原状土壤样品变干、变硬和破碎，导致制样困难和测定异常；若不能及时流转，外业调查队应及时与样品制备实验室对接，外业调查队在样品制备实验室确认样品状态合格后，并在其指导下进行风干处理，然后再流转。

外业调查队采集纸盒土壤标本后，于室内打开盒盖进行风干。避免纸盒土壤标本霉变、不同发生层样品间的交叉污染、不同纸盒标本间的交叉污染及外界环境的污染等。若外业调查时未进行润态土壤颜色比色，外业调查队需利用纸盒土壤标本进行室内干态和润态比色，补录上报颜色数据。之后，将风干的纸盒土壤标本流转至省级土壤普查办指定的存储位置，以便完成土壤类型室内鉴定。最后，将纸盒土壤标本流转至国家土壤样品库和省级土壤样品库。

剖面样点中属于国家整段土壤标本采集任务点位的，应同时采集国家整段土壤标本一式 3 份、纸盒土壤标本一式 3 份。在标本采集后，整段土壤标本无须加工制作，纸盒土壤标本需经风干处理，然后即可通过公共物流渠道分别流转至 3 家国家土壤标本库建设单位（中国科学院南京土壤研究所、中国农业科学院农业资源与农业区划研究所、全国农业展览馆）。托运时，每个整段土壤标本木盒用泡沫塑料包裹缠紧，再打制木架或木盒盛装运输，且务必附带标本采集所在剖面样点的编号及相关信息。

盐碱地普查和盐碱土调查剖面样点的水样需要及时流转至省级质控实验室，暂存和流转过程中需低温（4 ℃）保存。

按照耕地和园地剖面土壤样品、林地和草地剖面土壤样品两大类别，分类组批流转。

样品流转交接时应填写土壤样品交接表，见附表 4。

第四节　剖面土壤调查与采样质量控制

一、调查人员培训与专家技术指导

河北省各县土壤调查人员开展持续性、系统性、专业性的技术培训和考核，提升一线调查人员的专业素养和实操能力；国家级和省级专家技术指导组要认真组织开展在线和现场技术指导，确保外业调查采样有序推进，保障调查与采样质量。

二、外业调查采样质量控制

（一）质控内容

外业调查采样质量控制主要包括资料检查和现场检查。

（1）资料检查。重点检查上传到土壤普查工作平台上信息的完整性与规范性，包括剖面土壤样点代表性、基本信息、地表特征、成土环境、土壤利用等信息，剖面土壤样点土壤发生层划分与命名、发生层性状、土体性状、土壤类型等信息，以及景观照片、剖面照片、工作照片等，外业调查采样队自查确认信息等。具体检查内容见表 7-18。

表 7-18　剖面样品采集资料检查

基本信息	采样地区	省　　市　　县		
	检查日期			
	外业调查采样队代码			
	外业调查采样队技术领队证书编号			
	样点编号			
	检查项目	定性结论		情况说明
采样点位图检查	电子围栏内点位选择是否合理			
	布设点位现场调整是否合理（针对电子围栏外调整点位）			
	是否有错记项目			
	景观照片是否齐全、清晰且反映的样点所在地块及周边地表特征、自然成土环境和土壤利用信息是否具有代表性、是否与描述一致			
	剖面照片是否规范且反映的剖面发生层性状和土体性状是否与描述一致			
	土壤类型判定与校核信息是否合理			

（续）

	检查项目	定性结论	情况说明
采样点位图检查	土壤类型图斑纯度校核信息是否合理		
	土壤类型图斑边界校核信息是否合理		
	工作照片是否齐全、清晰且反映的采样工具、方法及过程等是否符合规范要求		
检查人		检查组长	
整改情况			
审核意见	通过或未通过		

注：定性结论填写"是"或"否"，情况说明要尽可能细化、具体，可另附页。

（2）现场检查。重点检查样点调查信息填报、样品采集和样品交接的合理性、规范性等，包括采样位置、深度、方法、操作、工具，采样点基本信息、地表特征、成土环境、土地利用等信息，剖面土壤样点剖面设置与挖掘、土壤发生层划分与命名、发生层性状、土体性状、土壤类型等信息，景观照片、剖面照片等，样品信息、工作信息，样品标签、重量和数量、包装容器材质，样品交接程序、土壤样品交接记录表，样品包装及运输等。具体检查内容见表 7-19。

表 7-19　剖面样品采集现场检查

基本信息	采样地区	省　市　县	
	检查日期		
	外业调查采样队代码		
	外业调查采样队技术领队证书编号		
	样点编号		
	检查项目	定性结论	情况说明
采样点检查	采样点位是否具有代表性		
	点位现场调整是否合理（针对电子围栏外调整点位）		
	土壤剖面挖掘是否规范		

（续）

检查项目		定性结论	情况说明
采样方法检查	采样工具是否合适		
	剖面发生层样品采样方法是否规范		
	土壤容重样品采集方法是否规范		
	剖面第一发生层水稳性大团聚体样品采样方法是否规范		
	剖面纸盒样品、整段标本采集方法是否规范		
采样与描述信息检查	样点调查基本信息、地表特征、自然成土环境和土壤利用信息记录是否合理		
	剖面发生层划分与命名是否合理		
	剖面发生层性状描述是否合理		
	土体性状描述是否合理		
	土壤类型鉴定与校核是否合理		
	土壤类型图斑纯度校核是否合理		
	土壤类型图斑边界校核是否合理		
	景观照片、工作照片拍摄是否合理		
	剖面照片拍摄是否合理		
样品检查	样品重量是否符合要求		
	样品数量是否符合要求		
	样品标签是否符合要求		
	包装容器是否符合要求		
	防污措施是否符合要求		
样品交接	交接程序是否符合要求（非必填项）		
检查人		检查组长	
整改情况			
审核意见	通过或未通过		

注：定性结论填写"是"或"否"，情况说明要尽可能细化、具体，可另附页。

（二）质控要求

河北省按照国务院第三次全国土壤普查领导小组办公室编制的《土壤外业调查与采样技术规范》《第三次全国土壤普查全程质量控制技术规范》要求，进行外业调查采样四级联动质控，即外业调查作业队 100％自查，县级技术人员 100％核查，省级资料检查100％，现场检查应不低于 5‰（至少 3 人），国家资料检查不低于全国采样任务的 2‰、现场检查不低于全国采样任务的 1‰（至少3 人），重点对质量监督检查中发现严重问题的点位处理情况进行检查。要尽量与外业调查采样队现场调查工作结合，建立"随时发现问题、随时解决问题"的工作机制。

三、样品暂存与流转质量控制

样品采集完成后，应及时流转至样品制备实验室。流转前的暂存期间，确保土壤不损耗、不污染和不被破坏。样品流转时，务必做到"样品有数、无一遗漏、责任到人、遗失可查"。

四、调查数据提交的质量控制

外业调查采样队采用日结日清方式完成数据上报前的调查描述信息数据自查，全国土壤普查办和地方各级土壤普查办组织数据审核，严控数据填报质量。

第八章

二普土壤图校核

以二普土壤类型图为底图，基于外业成土环境因素条件和剖面性状描述及发生层次的室内理化分析数据，分别依据土壤发生分类和土壤系统分类的诊断层与诊断特性标准判别土壤类型，对二普土壤图校核，实现县级土壤图的制图更新。本章主要针对二普土壤图室内校核、土壤类型可能改变区提取、二普土壤图野外校核的内容做了详细介绍，为三普土壤类型图编制奠定基础。

第一节　二普土壤图室内校核

以全国土壤普查办下发的经坐标系转换和分类校准后的二普县级土壤图为基础，室内对二普土壤图中图斑土壤类型错误和图斑边界偏差两个方面进行检查校核。这些错误或偏差主要来源于二普制图所用基础资料粗略、制图人员专业水平差异、二普分类系统未反馈更新、纸质图局部变形等。

一、室内校核原则与方法

校核的原则：只对比较肯定是错误的图斑类型和明显的边界偏差进行纠正，而对不确定的尚需野外核查的图斑类型和土壤边界可进行标记。

校核的方法：将土壤图斑边界叠加在新的高分影像（空间分辨率≤4 m）、国土三调土地利用现状图、数字高程模型（空间分辨率≤10 m）、母质图上，由土壤调查专家和 GIS 操作员配合，运用土壤类型与成土环境因素的发生学关系原理，进行错误和偏差的判别及图斑修正。

经过室内校核之后，二普土壤图的图斑土壤类型无明显错误，图斑边界无显著偏差或错位，同时标记了不确定的尚需野外核查的图斑类型和土壤边界。

二、图斑类型室内校核

检查图斑土壤类型名称与成土环境因素（母质、海拔、坡度、地形部位、土地利用等）的一致性，发现并纠正明显错误的土壤类型名称。注意，对于土地利用变化等造成的图斑土壤类型名称与土地利用现状不吻合的情况，例如坡梯田退耕还林、林地开垦为耕地，不属于本步骤室内校核的范围，但可对图斑进行标记。对自然土壤可在土属级别进行检查校核，对农业土壤可在亚类级别进行检查校核。对于常见错误列出检查清单，室内校核者可对照检查清单逐项检查，对错误的图斑土壤类型，可参照区域土壤类型分布规律和附近环境条件相似图斑的土壤类型进行纠正。例如，对同一土种的所有图斑，检查成土母质是否一致，景观特征、地形部位、水热条件是否相近或相似。

三、图斑边界室内校核

地形地貌、母质、植被、土地利用等在景观上的明显变异点是确定土壤边界的依据。例如，地形控制着地表水热条件的再分配，影响土壤形成过程，不同土壤类型界线常随地形的变化而变化。水田的边界通常就是水稻土与其他土壤类型的边界，但土地利用方式之间边界并不一定是土壤类型边界。列出图斑边界室内校核的检查清单，室内校核者可对照检查清单逐项检查，对偏差的土壤边界进行修正。图斑边界的检查内容主要有：图斑边界在局部地区明显的空间错位；在地形起伏较大的山地丘陵区，土壤边界线与地形地貌的明显变异处是否基本吻合；土壤边界线与母质在景观上的变异是否基本吻合等。

第二节　土壤类型可能改变区提取

土壤类型发生改变的原因很多，各种自然和人为成土因素的变化都可能引起土壤类型的变化。其中，最主要的是土地利用根本性改变，例如旱改水、水改旱、退耕还林还草、林草沼泽等自然利用类型改为旱地或水田等，以及农田建设措施，如土壤改良、矿区复垦、坑塘填埋等。其次是气候变化、地下水位下降或自然土壤发生过程造成关键诊断指标的根本性改变，例如腐殖质积累、脱盐、石灰性等。

以室内校核之后的二普土壤图为基础，结合国土三调土地利用类型图，对第二次土壤普查以来成土环境尤其是土地利用状况发生明显变化导致土壤类型可能改变区域地块（面积 50 亩以上）进行提取，然后在对国家下发的表层或剖面样点的现场校核阶段，通过乡镇和村组支持配合，调查获取各地块的变更年限、种植作物等关键信息，为下一步在二普土壤图野外校核中设计校核路线、判别这些区域的土壤类型改变提供基础。

一、可能引起土壤类型改变的主要情形

根据县域实际，分析县域内可能引起土壤类型改变的主要情形。不同县域通常会有差异。主要包括：水改旱（即水田改为旱地、园地、林地、草地）；旱改水（旱地、林地、草地等改为水田）；覆土、填埋等方式建成的新增耕地；脱盐和次生盐渍化；潜育化土壤因水分条件变化脱潜；沿海滩涂扩张；表土层因土壤侵蚀导致表土层变薄或表土层消失；其他。

二、筛选土壤类型可能改变区域地块

所用数据：经室内校核后的二普土壤图、国土三调土地利用类型图。

筛选方法：首先，把国土三调土地利用类型图和二普土壤图进行空间叠加分析，利用 GIS 软件提取符合要求的地块，再进行人工

筛选优化地块边界，形成土壤类型可能变更的地块分布图。筛选操作流程包括地块初筛、地块归并、面积筛选、信息提取等 4 个步骤，通过 GIS 软件实现。图 8-1 显示了水改旱地块的筛选提取流程。

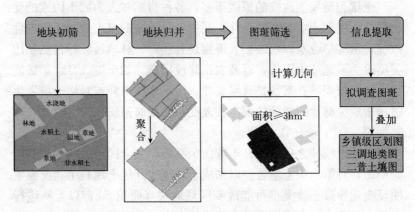

图 8-1 水改旱地块的筛选提取流程

（一）水改旱和旱改水的地块筛选

水改旱的地块，即二普图上土壤类型为水稻土，三调图上土地利用方式为旱地、园地、林地、草地的地块。旱改水地块，即二普图上土壤类型为非水稻土，三调图上土地利用方式为水田的地块。当国土三调土地利用图斑与二普土壤图重叠比例超过 50%，按照整图斑提取。将集中连片的相邻图斑做归并处理；对于边界之间存在沟渠路等要素但距离小于 10 m 的图斑，使用 GIS 聚合面功能进行归并，勾绘出符合要求的地块边界。然后，通过人工筛选方式将归并后面积大于 50 亩的地类为旱地、果园、茶园、林地、草地等的图斑提取出来。

（二）复垦等新增耕地的地块筛选

根据 2000 年以后新增耕地分布，将集中连片的相邻图斑做归并处理，对边界之间存在沟渠路等要素但距离小于 10 m 的图斑，通过 GIS 聚合面功能归并，勾绘出符合要求的地块外边界，再通过人工筛选归并后面积大于 50 亩的地块，作为新增耕地地块。

（三）脱盐、潜育土壤、沿海滩涂的地块筛选

提取二普土壤图上土壤类型为轻度、中度和重度盐土，三调图上土地利用方式为耕地的地块；提取二普土壤图上潜育土壤类型图斑；提出三调图上连片面积在 100 亩以上的沿海滩涂地块。进行地块归并，归并后地块中提取连片面积在 100 亩以上的地块，作为脱盐地块、潜育土壤地块和沿海滩涂地块。

对上述筛选出的地块编号，地块原则上不跨乡镇。将地块分别与行政区划、土地利用现状、二普土壤图叠加，提取地块编号、乡镇名称、行政村名称、图斑编号、地类名称、土壤类型、面积等信息，用于对筛选出的地块进行变更年限和种植作物等关键信息调查。

三、获取区域地块的关键信息

根据筛选得到的地块分布图，在样点校核阶段，对各类地块图斑的变更年限、种植作物、产量、施肥情况等信息进行现场调查，变更年限分为 5 个时间段，即 1～4 年、5～9 年、10～14 年、15～19 年、20 年及以上。将地块图斑数据转化为 KML 格式，导入手持终端遥感地图或奥维地图上，现场调查时导航前往图斑所在位置，在乡镇村组农技人员配合下，进行地块变更信息核查与获取。

第三节　二普土壤图野外校核

一、野外校核目的

一是对土壤类型可能改变的地块图斑进行土壤类型的野外判别确定，二是对室内粗校检查中不确定、有疑问的图斑类型和土壤边界进行野外核查，三是对粗略定位的二普土壤剖面点的土壤类型进行野外确认，四是让制图者能够从县域全局上理解把握土壤类型与成土环境关系，同时通过打土钻或专家经验的方式快速拾取能代表土壤类型变异全局的检查点。

野外校核队伍中要求有土壤调查、土壤制图和熟悉当地土壤的专家。

二、野外校核思路与方法

野外校核思路：依托代表性路线，在图斑中心设置检查点，主要对图斑土壤类型进行校核。

具体方法：根据具体县域的土壤景观空间分异特点，设计至少3条代表性路线（图8-2），依托这些路线开展校核，路线要覆盖土壤类型可能改变的区域，穿过各类可能改变区（例如水改旱、旱改水、新增耕地、脱盐区等）的代表性图斑（例如，水田改茶园＋变更时长10～14年）中心、室内校核有疑问的图斑、二普剖面点

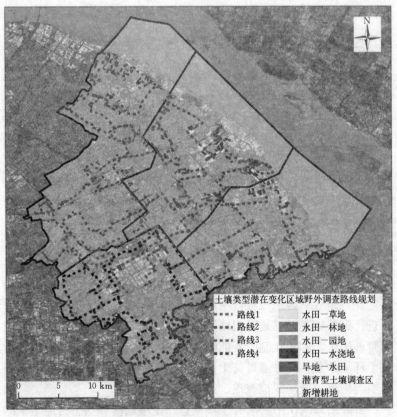

图 8-2 二普土壤图野外校核代表性路线设计（以太仓为例）

所在区域。沿路线设置系列检查点（图斑中心），每个土种至少5个检查点。通过打钻或专家经验现场判别土种类型，GPS记录检查点的经纬度坐标、景观部位和土壤利用情况等信息。

通过野外校核工作，核实室内粗校中有疑问的图斑土壤类型和图斑边界，完成对土壤类型发生变化区域的土壤图更新，野外确认了二普土壤剖面点的土壤类型，拾取了代表县域全局土壤类型与成土环境关系的检查点，这些检查点可用于土壤类型建模制图。

三、野外校核内容

（一）图斑类型与纯度校核

评估剖面点所在图斑内优势土壤类型、土壤组合或复区情况，对图斑的土壤类型、土壤类型的组合以及多个土壤类型的面积比例进行校核。

1. 图斑土壤类型确定　根据剖面样点调查剖面、检查剖面、定界剖面的调查结果，对照剖面土壤类型与土壤图是否一致，确定土壤图图斑内观察点位的土壤类型名称，依据3种工作底图和野外观察对每种土壤类型的分布面积比例进行估算，并按照下述图例系统对图斑土壤类型进行记录。

2. 图例系统　制图单元可以是以某一主要类型为代表的优势土壤单元，也可以是组合制图单元或复区制图单元。

（1）优势土壤单元。土壤图图斑内的土壤以某一土壤类型占绝对优势（85%以上），制图单元的名称就以这个占优势的土壤类型名称命名，其所包含的土壤大多数与优势类型土壤在性质上类似。针对非类似的土壤，若与优势类型土壤性质差异不大，非类似土壤面积最多不能超过优势土壤类型面积的25%；若与优势类型土壤性质完全不同，最多不能超过10%。

（2）组合制图单元。主要用于当一个自然地理景观单元内有两个以上非类似的土壤类型呈规律组合出现，而制图比例尺不能单独表示时的情况。组合单元的土壤类型所占面积比例不小于75%，可以是两个或三个，一般按其占比依次排列，面积占比最多的放在第一位。

（3）复合制图单元。主要用于土壤类型呈交叉分布的情况，与组合制图单元的含义类似。在野外确定制图单元时，应该注意制图单元并不是越小越好，应根据比例尺的精度要求、土壤类型的分布规律及土壤复杂程度等而定，并经逐步观察综合而成。

（二）图斑边界校核

图斑边界校核是土壤图野外校核工作的核心，按照以下思路和方法核查、勾绘土壤三普土壤图图斑界线（图8-3）。

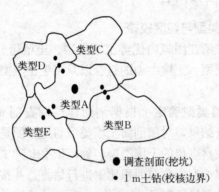

图8-3　土壤图图斑边界校核示意图

（1）明确土种的划分依据和典型土种剖面的描述信息，以及土壤类型、土种图斑与地形地貌、土地利用、母岩和母质类型等之间的关系。

（2）重点依据土地利用、植被、地形地貌、母质等在空间上的综合变异点，确定土壤边界，同时考虑土壤边界允许误差。对于具有明显景观边界和土壤边界的地域，如山地丘陵区域，利用成土环境要素特征如海拔、坡度、坡向和坡位等的明显界线作为土壤图界线校核的参考，野外结合上述3种工作底图可辨的景观部位差异和现场观察进行土壤图图斑边界判别。对于景观边界和土壤边界不明显的地域，如平原地区，依据三普土壤图图斑，在边界缓冲区踏勘定界，采用逐步内插法挖掘土壤检查剖面和定界剖面（打土钻）来确定土壤图图斑边界。

（3）参照剖面样点所代表土种的图斑范围，按土壤分布规律，从中心到相邻图斑边界设置多个剖面观察点。逐个挖掘土壤定界剖面（打土钻），并观察记录，确定土壤定界剖面点的土壤类型。

（4）当两个相邻定界剖面点为不同土壤类型时，应划分为不同的土壤图制图单元，并用检查剖面和定界剖面确定其分布范围，修订土壤图图斑界线。

（5）野外校核边界过程中，在纸质工作底图上对土壤三普土壤图图斑界线进行修正性勾绘和标识，对于需要修正的图斑用红色油笔勾绘新的界线。

（三）校核结果分析、记述和整理提交

1. 校核结果原因分析与案例归纳

（1）原因分析。分析土壤类型变化或图斑边界变化原因，主要包括土壤分布与成土环境关系、土地利用类型的根本性改变（水改旱、水改园、旱改水等）、土壤关键特征的根本性改变（盐碱土经长期利用和改良后，盐分已消失或很低；划分土种的特征属性，如土体的石灰性已消失、障碍层已消失等）等。

（2）案例归纳。案例归纳的目的是衔接土壤类型制图更新，为制图提供基础信息。归纳两种案例：一是什么成土环境条件发育什么土壤类型的案例，即定性或定量描述成土环境（气候、母质、地貌地形、植被、土地利用方式等）及其土壤类型；二是什么二普土壤类型在什么条件下现在变成了什么土壤类型的案例，例如某二普图斑的潮土，经过旱改水后 15 年，变成了水稻土；某二普图斑的中度盐土，经过 10 年耕作，变成了潮土。

2. 图件提交与存档　扫描野外校核后的工作底图图件，扫描件上传系统，纸质底图存档。

3. 文字描述提交　整理二普土壤图图斑边界、类型和精度的校核过程和结果、校核结果原因分析和案例归纳等相关文字描述，形成每个调查剖面所在图斑校核的单独文档，提交系统。

参考文献

REFERENCES

黄昌勇，徐建明，2010. 土壤学［M］. 北京：中国农业出版社.

黄昌勇，2000. 土壤学［M］. 北京：中国农业出版社.

吉艳芝，张丽娟，王殿武，等，2021. 土壤学实验方法［M］. 北京：中国农业出版社.

马献发，2017. 土壤调查与制图［M］. 北京：中国林业出版社.

邢力，张玉铭，胡春胜，等，2022. 长期不同养分循环再利用途径对农田土壤养分演替规律与培肥效果的影响研究［J］. 中国生态农业学报（中英文），30（6）：937-951.

张凤荣，2002. 土壤地理学［M］. 北京：中国农业出版社.

张甘霖，李德成，2022. 野外土壤描述与采样手册.［M］. 北京：科学出版社.

张甘霖，王秋兵，张凤荣，等，2013. 中国土壤系统分类土族和土系划分标准［J］. 土壤学报，50（4）：826-834.

朱克贵，1996. 土壤调查与制图［M］. 北京：中国农业出版社.

附录 外业调查相关表格

附表1 成土环境与土壤利用调查信息采集项目清单及填报说明

	信息项		信息填写规则说明
样点基本信息	基本信息	样点编码	系统赋值，统一编码
		行政区划	系统赋值，野外核查。省（自治区、直辖市）—市—区（县）—乡（街道、镇）—行政村
		地理坐标	确定采样点位置后，手持终端设备采集
		海拔	确定采样点位置后，手持终端设备采集
		日期	自动赋值
		天气	晴或极少云、部分云、阴、雨、雨夹雪或冰雹、雪
		调查人及所属单位	填报现场技术领队姓名、身份证号及其所属单位
		调查机构	填报调查任务承担机构全称
		样点所在地块的承包经营者	填报耕地和园地样点所在地块的承包经营者姓名、手机号和身份证号

（续）

	信息项		信息填写规则说明
样点基本信息	基本信息	县级和乡级一线质控人员	填报每个样点的县级和乡级一线质控人员姓名、单位、手机号、身份证号
		省级现场质控专家	是否属于省级现场质控样点，若是，需填报省级现场抽查样点的专家姓名、单位、手机号、身份证号
		国家现场质控专家	是否属于国家级现场质控样点，若是，需填报国家级现场抽查样点的专家姓名、单位、手机号、身份证号
		省级技术指导专家	是否接受了省级专家的技术指导，若是，需填报现场或在线技术指导专家的姓名、单位、手机号、身份证号
		国家级技术指导专家	是否接受了国家级专家的技术指导，若是，需填报现场或在线技术指导专家的姓名、单位、手机号、身份证号。特别说明，有国家级整段土壤标本采集任务的剖面样点，必须有国家级专家进行现场或在线指导
	地表特征	土壤侵蚀 侵蚀程度	无、轻、中、强、剧烈
		土壤侵蚀 侵蚀类型	水蚀、重力侵蚀、风蚀、冻融侵蚀、水蚀与风蚀复合
		基岩出露 丰度	无、少、中、多、很多
		基岩出露 间距	很近、近、中、较近、近

（续）

样点基本信息 / 成土环境信息		信息项	信息填写规则说明
地表特征	地表砾石	丰度	无、少、中、多、很多
	地表砾石	大小	细砾石、粗砾石、石块、巨砾
	地表盐斑	丰度	无、低、中、高、极高
	地表盐斑	厚度	薄、中、厚、很厚
	地表裂隙	丰度	填报具体数据信息，单位：条/m²
	地表裂隙	宽度	很细、细、中、宽、很宽
	土壤沙化		未沙化、轻度沙化、中度沙化、重度沙化
成土环境信息	地形	大地形	山地、丘陵、平原、高原、盆地
		中地形	冲积平原、海岸（海积）平原、沙地、三角洲、低丘、高丘、低山、中山、高山、极高山、黄土高原、湖积平原、山麓平原、洪积平原、风积平原、黄土高原
		小地形	河间地、沟谷地（含黄土川地）、谷底、干/古河道、阶地、泛滥平原、洪积扇、冲积扇、溶蚀洼地、连地、河滩/潮滩、潟湖、滩脊、珊瑚礁、火山口、节、黄土塬、山脊、山梁、纵向沙丘、沙丘间洼地、坡（含黄土梁、山脊、山塬、黄土塬、其他（需注明）
		地形部位	坡顶、坡上、坡中、坡下、坡麓（底部）、高阶地（洪-冲积平原、低阶地（河流冲积平原）、河漫滩、底部（排水线）、潮上带、潮间带、其他（需注明）

（续）

信息项			信息填写规则说明
地形		坡度	填报具体坡度（°）数值
		坡型	凸坡、凹坡、直坡
		坡向	无、东、东南、南、西南、西、西北、北、东北
母岩母质		母岩	野外填报和校核
		母质	风积沙、原生黄土、黄土状物质（次生黄土）、残积物、坡残积物、坡积物、洪积物、冲积物、海岸沉积物、湖泊沉积物、河流沉积物、火成碎屑沉积物、冰川沉积物（冰碛物）、冰水沉积物、有机沉积物、崩积物、（古）红黏土、其他（需注明，如上层为河流沉积物、下层为湖泊沉积物的二元母质）
植被		植被类型	针叶林、针阔混交林、阔叶林、灌丛、草丛、草原、草甸、沼泽、高山植被、栽培植被、无植被地段、荒漠
		植物优势种	自然植被填乔、灌、草的优势种，耕地此处统一填报"农作物"
		植被覆盖度	填报乔灌草植被总覆盖度及乔、灌、草植被分项覆盖度（%）

成土环境信息

（续）

信息项			信息填写规则说明
土壤利用信息	土地利用	类型现状	土地利用现状分类的二级类名称
		类型变更	调查2000年至今，是否存在土地利用变更。若存在变更，变更年份及对应的二级类。示例：2000年，旱地；2008年，水田；2019年，水浇地（蔬菜地）；2023年，水浇地（蔬菜地）
		蔬菜种植　设施农业类型	露天蔬菜地、塑料大棚、日光温室、玻璃温室、其他（需注明）
		蔬菜种植年限	填报连续种植蔬菜的年限
		特色农产品	样点所在地块的农产品是否属于全国农产品地理标志登记产品
	农田建设	高标准农田	是否是高标准农田
		灌溉条件　灌溉保证率	指预期灌溉用水量在多年灌溉中能够得到充分满足的年数出现的概率，用百分率（%）表示
		灌溉设施配套	未配套、局部配套、配套完善；若有配套设施，还需填报灌溉方式，包括不灌溉、土渠输水地面灌溉、渠道防渗输水灌溉、微喷灌、喷灌、管道输水灌溉中的滴灌、其他（需注明）

（续）

信息项				信息填写规则说明
农田建设	排水条件			充分满足、满足、基本满足、不满足
	道路工程	田间道路类型		机耕路（3~6 m）、生产路（<3 m）
		路面硬化类型		水泥硬化、碎石硬化、三合土路、土路、其他（需注明）
	梯田建设			是否是梯田
	熟制类型			一年一熟、两年三熟、一年两熟、一年三熟。蔬菜地按当地粮食作物熟制填报
土壤利用信息（耕地利用）	休耕与撂荒	休耕	类型	记录样点所在田块近5个熟制年度的休耕情况。无、季节性休耕、全年休耕
			频次	近5年休耕的累计频次（如一年两熟且全年休耕，则该年度休耕频次为2）
		撂荒	类型	记录样点所在田块近5个熟制年度的撂荒情况。无、季节性撂荒、全年撂荒
			频次	近5年撂荒的累计频次（如一年两熟且全年撂荒，则该年度撂荒频次为2）
	轮作制度			填报样点所在田块近5个熟制年度的主要轮作作物，按自然年内（针对一年两熟、一年三熟）或年际间（针对一年一熟）作物的收获时序进行填报，分为第一季、第二季、第三季。蔬菜收获时序超过三季的按三季填写

（续）

	信息项		信息填写规则说明
土壤利用信息	耕地利用	轮作制度变更	样点所在田块近 5 个熟制年度的主要轮作作物，按自然年内或年际作物的收获时序进行填报，分为第一季、第二季、第三季的按三季填写。蔬菜收获超过三季的按三季填写
		稻田稻渔和养结合	针对水田样点，调查近 1 个熟制年度内是否存在稻渔共作。若存在稻渔共作，需调查稻渔共作制度类型，分为稻-虾共作，稻-鱼鳖共作，其他（需注明）；估算样点所在田块所围沟和十字沟的宽度和深度（cm），水面占田块面积的比例（%）
		当季作物	填报样点所在田块采样时的当季作物类型（指待收获或刚收获的）。针对套种和间种等情况，需分别记录作物类型。注意，中药材要细化到品种，如黄芪
		产量水平	样点所在田块近 1 个熟制年度作物产量。分季分作物填报全年的作物亩产量。需记录作物的计产形式，如单位：kg。针对套种和间种等情况，需分别记录作物的产量。针对稻花的籽粒稻重，如稻花的籽粒稻重，需分别记录作物的产量

（续）

信息项					信息填写规则说明
土壤利用信息	耕地利用	施肥管理（针对套种和间种等情况、需分别记录不同作物的施肥情况）	化学氮肥	氮肥种类	尿素、碳酸氢铵、硫酸铵、其他（需注明）
				实物用量	分季分作物填报全年每亩实物用量。化学肥料，复混肥中的无机肥部分，有机-无机复合（混）肥、三元复合肥、缓控释肥，单位：kg
				有效养分含量	百分比（%）
				氮肥每亩总投入量（N）	单位：kg
				基肥和追肥比例	基肥占比、追肥占比，单位：%
			磷肥	磷肥种类	磷酸一铵、磷酸二铵、过磷酸钙、钙镁磷肥、三元复合（混）肥、其他（需注明）
				实物用量	分季分作物填报全年每亩实物用量。化学肥料，复混肥中的无机肥部分，有机-无机复合肥，单位：kg
				有效养分含量	百分比（%）
				磷肥每亩总投入量（P_2O_5）	单位：kg
				基肥和追肥比例	基肥占比、追肥占比，单位：%

（续）

信息项					信息填写规则说明
土壤利用信息	耕地利用	施肥管理	施肥量（针对套种和间种等情况，需分别记录不同作物的施肥情况）	钾肥	
				钾肥种类	氯化钾、硫酸钾、三元复合（混）肥、其他（需注明）
				实物用量	分季分作物填报全年每亩实物用量。化学肥料、有机-无机复混肥中的无机肥部分，单位：kg
				有效养分含量	百分比（%）
				钾肥每亩总投入量（K_2O）	单位：kg
				基肥和追肥比例	基肥占比、追肥占比，单位：%
				商品有机肥	
				实物用量	分季分作物填报全年每亩实物用量。有机肥、有机-无机复混肥中的有机肥部分，单位：kg。针对套种和间种等情况，需分别记录不同作物的施肥情况
				有机质含量	百分比（%）
				土杂肥	
				有机质亩用量	单位：kg
				实物用量	分季分作物填报全年每亩实物用量。填报体积（m^3）
				厩肥	
				实物用量	分季分作物填报全年每亩实物用量。填报体积（m^3）
			施肥方式		沟施、穴施、撒施、水肥一体化、其他（需注明）

（续）

		信息项		信息填写规则说明
土壤利用信息	耕地利用	秸秆还田	还田比例	样点所在田块近1个熟制年度内秸秆还田情况。还田比例分为无（<10%）、少量（10%~40%）、中量（40%~70%）、大量（>70%）。分季分作物填报
			还田方式	留高茬还田、粉碎翻压还田、地面覆盖还田、堆腐还田、其他（需注明）
			还田年限	近10年实施秸秆还田的年数
		少耕免耕	少耕	近5年实施少耕的季数之和
			免耕	近5年实施免耕的季数之和
		绿肥种植	绿肥品种	豆科绿肥：紫云英、苕子、田菁、箭筈豌豆、蚕豆、柱花草、车轴草、紫穗槐、其他（需注明）；非豆科绿肥：油菜、金光菊、二月兰、其他（需注明）
			种植季节	夏季绿肥、冬季绿肥、多年生绿肥、其他绿肥
	园地利用	作物类型		具体作物类型，如茶园、柑橘等。针对果园套种农作物等情况。需填报农作物类型
		林龄		作物生长年龄，单位：年
		产量水平		样点所在田块全年作物亩产量。单位：kg。野外需记录茶园、枣园、苹果园等样点作物产量的计产形式，如干毛茶、干果、鲜果。针对果园套种，同种农作物等情况。需填报近1年的农作物亩产量，单位：kg

（续）

信息项				信息填写规则说明
土壤利用信息	园地利用	施肥管理（针对园地套种和间种农作物等情况，需分别记录不同作物的施肥情况）	化学氮肥	氮肥种类	尿素、碳酸氢铵、硫酸铵、三元复合（混）肥、缓控释肥、其他（需注明）
				实物用量	填报全年每亩实物用量。化学肥料、有机-无机复混肥中的无机肥部分，单位：kg
				有效养分含量	百分比（%）
				氮肥每亩总投入量（N）	单位：kg
			磷肥	磷肥种类	磷酸一铵、磷酸二铵、过磷酸钙、钙镁磷肥、三元复合（混）肥、其他（需注明）
				实物用量	填报全年每亩实物用量。化学肥料、有机-无机复混肥中的无机肥部分，单位：kg
				有效养分含量	百分比（%）
				磷肥每亩总投入量（P_2O_5）	单位：kg
			钾肥	钾肥种类	氯化钾、硫酸钾、三元复合（混）肥、其他（需注明）
				实物用量	填报全年每亩实物用量。化学肥料、有机-无机复混肥中的无机肥部分，单位：kg

（续）

信息项				信息填写规则说明
土壤利用信息	园地利用	施肥管理（针对园地套种和间种农作物等情况，需分别记录不同作物的施肥情况）	钾肥 有效养分含量	百分比（%）
			钾肥每亩总投入量（K_2O）	单位：kg
			商品有机肥 实物用量	填报全年每亩实物用量。有机肥、有机-无机复混肥中的有机肥部分，单位：kg
			有机质含量	百分比（%）
			有机肥 有机质每亩用量	单位：kg
			土杂肥	填报全年每亩实物用量。填报体积（m^3）
			厩肥	填报全年每亩实物用量。填报体积（m^3）
		施肥方式		沟施、穴施、撒施、水肥一体化、其他（需注明）
		绿肥种植	绿肥品种	豆科绿肥：紫云英、蚕豆、苕子、田菁、箭筈豌豆、柱花草、车轴草、紫穗槐、非豆科绿肥：油菜、金光菊、二月兰、其他（需注明）
			种植季节	夏季绿肥、冬季绿肥、多年生绿肥、其他绿肥（需注明）
	林草地利用	林地类型		生态公益林：防护林、特种用途林；商品林：用材林、经济林利和能源林。针对林地套种、间种农作物等情况，需记录农作物
		林地林龄		林地乔木生长年龄。单位：年

（续）

	信息项		信息填写规则说明
土壤利用信息	林草地利用	林农套作和间作管理	针对林地套种、间种农作物等情况，按照耕地施肥管理和产量水平填报方式，记录近1个熟制年度农作物施肥和产量情况
		草地类型	天然草地：温性草原类、高寒草原类、温性荒漠类、高寒荒漠类、暖性灌草丛类、热性灌草丛类、低地草甸类、山地草甸类、高寒草甸类；人工草地：改良草地、栽培草地
耕作层厚度			单位：cm
含砾石表层土壤混合样品采集		砾石丰度	指野外估测的表层土壤内所有砾石体积占整个表层土壤体积的百分比。单位：%
		砾石重量	指野外分离的粒径大于5 mm的砾石重量。单位：g
表层土壤调查采样照片采集		景观照（表层和剖面调查都需要）	每个样点4张，拍摄者应在采样点或剖面剖面附近，拍摄东、南、西、北四个方向的景观照片。为保证照片视觉效果，取景框下沿要接近但要避开取土坑。景观照片应着重体现样点地形地貌、植被景观、植被景观、土地利用类型、地表特征、农田设施等特征，要融合远景、近景

（续）

	信息项	信息填写规则说明
	技术领队现场工作照	每个样点 1 张，拍摄技术领队现场工作正面照，照片中含采样工具
	混样点照	每个混样点 1 张，需定位准确后再拍照。若使用不锈钢锹采样，拍摄时，采样坑需挖掘至规定深度。若已摆好刻度尺（木质、塑料或不锈钢质刻度尺），针对耕地样点，照片应清晰完整展示示耕作层厚度；若使用不锈钢土钻采样，拍摄时，土钻应入土至规定深度
	土壤混合样采集照	每个样点 1 张，拍摄充分混匀后的土壤样品状态
表层土壤调查采样照片采集	土壤容重样采集照	每个样点 1 张，首先将不锈钢环刀打到位，且还未从土壤中挖出环刀，此时把环刀托取下，拍摄环刀无刃口端的土壤面状态
	土壤水稳性大团聚体样品照	适用于采集该样品的样点。每个样点 1 张，拍摄样品装入容器后的土壤样品状态
	其他照片	外业调查队认为需要拍摄的其他照片

附表 2 土地利用现状分类（GB/T 21010—2017）

一级类		二级类		含　义
编码	名称	编码	名称	
01	耕地			指种植农作物的土地，包括熟地、新开发、复垦、整理地、休闲地（含轮歇地、休耕地）；以种植农作物（含蔬菜）为主，间有零星果树、桑树或其他树木的土地；平均每年能保证收获一季的已垦滩地和海涂。耕地中包括南方宽度<1.0 m，北方宽度<2.0 m固定的沟、渠、路和地坎（埂）；临时种植药材、草皮、花卉、苗木等的耕地，临时种植果树、桑树和林木且耕作层未破坏的耕地，以及其他临时改变用途的耕地
		0101	水田	指用于种植水稻、莲藕等水生农作物的耕地。包括实行水生、旱生农作物轮种的耕地
		0102	水浇地	指有水源保证和灌溉设施，在一般年景能正常灌溉，种植旱生农作物（含蔬菜）的耕地。包括种植蔬菜的非工厂化的大棚用地
		0103	旱地	指无灌溉设施，主要靠天然降水种植旱生农作物的耕地，包括没有灌溉设施，仅靠引洪淤灌的耕地
02	园地			指种植以采集果、叶、根、茎、汁等为主的集约经营的多年生木本和草本作物、覆盖度>50%或每亩株数大于合理株数 70%的土地。包括用于育苗的土地
		0201	果园	指种植果树的园地
		0202	茶园	指种植茶树的园地
		0203	橡胶园	指种植橡胶树的园地
		0204	其他园地	指种植桑树、可可、咖啡、油棕、胡椒、药材等其他多年生作物的园地

（续）

一级类			二级类		含　义
编码	名称		编码	名称	
03	林地		0301	乔木林地	指生长乔木、竹类、灌木的土地，及沿海生长红树林的土地。包括迹地，不包括城镇、村庄范围内的绿化林木用地，铁路、公路征地范围内的林木，以及河流、沟渠的护堤林
					指乔木郁闭度≥0.2 的林地，不包括森林沼泽
			0302	竹林地	指生长竹类植物，郁闭度≥0.2 的林地
			0303	红树林地	指沿海生长红树植物的林地
			0304	森林沼泽	以乔木森林植物为优势群落的淡水沼泽
			0305	灌木林地	指灌木覆盖度≥40%的林地。不包括灌丛沼泽
			0306	灌丛沼泽	以灌丛植物为优势群落的淡水沼泽
			0307	其他林地	包括疏林地（指树木郁闭度≥0.1、<0.2 的林地）、未成林地、迹地、苗圃等林地
04	草地		0401	天然牧草地	指以生长草本植物为主的土地
					指以天然草本植物为主、用于放牧或割草的草地，包括实施禁牧措施的草地，不包括沼泽草地
			0402	沼泽草地	指以天然草本植物为主的沼泽化的低地草甸、高寒草甸
			0403	人工牧草地	人工种植牧草的草地
			0404	其他草地	树木郁闭度<0.1，表层为土质，不用于放牧的草地

（续）

一级类		二级类		含　义
编码	名称	编码	名称	
05	商服用地	0501	零售商业用地	指主要用于商业、服务业的土地。以零售功能为主的商铺、商场、超市、市场和加油、加气、充换电站等的用地
		0502	批发市场用地	以批发功能为主的市场用地
		0503	餐饮用地	饭店、餐厅、酒吧等用地
		0504	旅馆用地	宾馆、旅馆、招待所、服务型公寓、度假村等用地
		0505	商务金融用地	指商务服务用地，以及经营性的办公场所用地。包括写字楼、商业性办公场所、金融活动场所和企业厂区外独立的办公场所；信息网络服务、信息技术服务、电子商务服务、广告传媒等用地
		0506	娱乐用地	指剧院、电影院、音乐厅、歌舞厅、网吧、影视城、仿古城以及绿地率小于65%的大型游乐等设施用地
		0507	其他商服用地	指零售商业、批发市场、餐饮、旅馆、商务金融、娱乐用地以外的其他商业、服务业用地。包括洗车场、洗染店、照相馆、理发美容店、赛马场、高尔夫球场、废旧物资回收站、机动车、电子产品和日用产品修理网点、物流营业网点，及居住小区及小区级以下的配套服务设施等用地

（续）

一级类		二级类		含　义
编码	名称	编码	名称	
06	工矿仓储用地			指主要用于工业生产、物资存放场所的土地
		0601	工业用地	指工业生产、产品加工制造、机械和设备修理及直接为工业生产服务的附属设施用地
		0602	采矿用地	指采矿、采石、采砂（砂）场、砖瓦窑等地面生产用地，排土（石）及尾矿堆放地
		0603	盐田	指用于生产盐的土地。包括晒盐场所、盐池及附属设施用地
		0604	仓储用地	指物资储备、中转的场所用地。包括物流仓储设施、配送中心、转运中心等
07	住宅用地			指主要用于人们生活居住的房基地及其附属设施的土地
		0701	城镇住宅用地	指城镇用于生活居住的各类房屋用地及其附属设施用地，不含配套的商业服务设施等用地
		0702	农村宅基地	指农村用于生活居住的宅基地
08	公共管理与公共服务用地			指用于机关、新闻出版、科教文卫、公用设施等的土地
		0801	机关团体用地	指党政机关、社会团体、群众自治组织等的用地
		0802	新闻出版用地	指广播电台、电视台、电影厂、报社、杂志社、通讯社、出版社等的用地

（续）

一级类		二级类		含　义
编码	名称	编码	名称	
08	公共管理与公共服务用地	0803	教育用地	指各类教育的用地。包括高等院校、中等专业学校、中学、小学、幼儿园及其附属设施用地，聋、哑、盲人学校及工读学校用地，以及为学校配建的独立地段的学生生活用地
		0804	科研用地	指独立的科研、勘察、研发、设计、检验检测、技术推广、环境评估与监测、科普等科研事业单位及其附属设施用地
		0805	医疗卫生用地	指医疗、保健、卫生、防疫、康复和急救设施等用地。包括综合医院、专科医院、社区卫生服务中心等用地，卫生防疫站、专科防治所、检验中心和动物防疫站等用地，对环境有特殊要求的传染病、精神病等专科医院用地，急救中心、血库等用地
		0806	社会福利用地	指为社会提供福利和慈善服务的设施及其附属设施用地。包括福利院、养老院、孤儿院等用地
		0807	文化设施用地	指图书、展览等公共文化活动设施用地。包括公共图书馆、博物馆、档案馆、科技馆、纪念馆、美术馆和展览馆等设施用地，综合文化活动中心、文化馆、青少年宫、儿童活动中心、老年活动中心等设施用地
		0808	体育用地	指体育场馆和体育训练基地等用地。包括室内外体育运动用地，如体育场馆、游泳馆、溜冰场、跳伞场、摩托车场、射击场、水上运动的陆域部分用地，以及为体育运动专设机构等校专用的体育设施用地，各类球场及其附属设施用地；不包括学校等机构专用的训练基地用地

（续）

一级类			二级类		含　　义
编码	名称		编码	名称	
08	公共管理与公共服务用地		0809	公用设施用地	指城乡基础设施的用地。包括供水、排水、污水处理、供热、供气、邮政、电信、消防、环卫、公用设施维修等用地
			0810	公园与绿地	指城镇、村庄范围内的公园、动物园、植物园、街心花园、广场和用于休憩、美化环境及防护的绿化用地
09	特殊用地		0901	军事设施用地	指用于军事设施、涉外、宗教、监教、殡葬、风景名胜等的土地 指直接用于军事目的的设施用地
			0902	使领馆用地	指外国政府及国际组织驻华使领馆、办事处等的用地
			0903	监教场所用地	指监狱、看守所、劳改场、戒毒所等的建筑用地
			0904	宗教用地	指专门用于宗教活动的庙宇、寺院、道观、教堂等宗教自用地
			0905	殡葬用地	指陵园、墓地、殡葬场所用地
			0906	风景名胜设施用地	指风景名胜景点（包括名胜古迹、旅游景点、革命遗址、自然保护区、森林公园、地质公园、湿地公园等）的管理机构，以及旅游服务设施的建筑用地。景区内的其他用地按现状归入相应地类

（续）

一级类		二级类		含　义
编码	名称	编码	名称	
10	交通运输用地	1001	铁路用地	指用于运输通行的地面线路、场站等的土地。包括民用机场、汽车客货运站、港口、码头、地面运输管道和各种道路以及轨道交通用地
				指铁路线路及场站的用地。包括征地范围内的路堤、路堑、道沟、桥梁、林木等用地
		1002	轨道交通用地	指轻轨、现代有轨电车、单轨等轨道交通用地
		1003	公路用地	指国道、省道、县道和乡道的用地。包括征地范围内的路堤、路堑、道沟、桥梁、汽车停靠站、林木及直接为其服务的附属用地
		1004	城镇村道路用地	指城镇、村庄范围内公用道路及行道树用地，包括快速路、主干路、次干路、支路、专用人行道和非机动车道，及其交叉口等
		1005	交通服务场站用地	指城镇、村庄范围内交通服务设施用地。包括公交枢纽及其附属设施用地、公路长途客运站、公共交通场站、公共停车场（含设有充电桩的停车场）、停车楼、教练场等用地，不包括交通指挥中心、交通队用地
		1006	农村道路	在农村范围内，南方宽度≥1.0m、<8.0m，北方宽度≥2.0m、<8.0m，用于村间、田间交通运输，并在国家公路网络体系之外，以服务于农村农业生产为主要用途的道路（含机耕道）
		1007	机场用地	指民用机场、军民合用机场的用地
		1008	港口码头用地	指人工修建的客运、货运、捕捞及工程、工作船舶停靠的场所及其附属建筑物的用地，不包括常水位以下部分

（续）

一级类			二级类		含　义
编码	名称	编码	名称		
10	交通运输用地	1009	管道运输用地		指运输煤炭、矿石、石油和天然气等管道及其相应附属设施的地上部分用地
11	水域及水利设施用地	1101	河流水面		指陆地水域、滩涂、沟渠、沼泽、水工建筑物等用地。不包括滞洪区和已垦滩涂中的耕地、园地、林地、村庄、道路等用地 指天然形成或人工开挖河流常水位岸线之间的水面。不包括被堤坝截后形成的水库区段水面
		1102	湖泊水面		指天然形成的积水区常水位岸线所围成的水面
		1103	水库水面		人工拦截汇聚而成的总设计库容≥10万 m^3 的水库正常蓄水位岸线所围成的水面
		1104	坑塘水面		指人工开挖或天然形成的蓄水量<10万 m^3 的坑塘常水位岸线所围成的水面
		1105	沿海滩涂		指沿海大潮高潮位与低潮位之间的潮浸带。包括海岛的沿海滩涂，不包括已利用的滩涂
		1106	内陆滩涂		指河流、湖泊常水位至洪水位间的滩涂；时令湖、河洪水位以下的滩涂、水库、坑塘的正常蓄水位与洪水位间的滩涂，包括海岛的内陆滩涂。不包括已利用的滩涂
		1107	沟渠		指人工修建，南方宽度≥1.0 m、北方宽度≥2.0 m，用于引、排、灌的渠道，包括渠槽、渠堤、护堤林和小型泵站
		1108	沼泽地		指经常积水或渍水，一般生湿生植物的土地。包括草本沼泽、苔藓沼泽、内陆盐沼等。不包括森林沼泽、灌丛沼泽和沼泽草地

（续）

一级类		二级类		含　义
编码	名称	编码	名称	
11	水域及水利设施用地	1109	水工建筑用地	指人工修建的闸、坝、堤路林、水电厂房、扬水站等常水位岸线以上的建（构）筑物用地
		1110	冰川及永久积雪	指表层被冰雪常年覆盖的土地
12	其他土地	1201	空闲地	指上述地类以外的其他类型土地。包括尚未确定用途的土地
		1202	设施农用地	指城镇、村庄、工矿范围内尚未使用的土地指直接用于经营性畜禽养殖生产设施及附属设施用地；直接用于作物栽培或水产养殖等农产品生产的设施及附属设施用地；直接用于设施农业项目辅助生产的设施用地；晾晒场、粮食果品烘干设施，粮食和农资临时存放场所等规模化粮食生产所必需的配套设施用地
		1203	田坎	指梯田及梯状坡地耕地中，主要用于拦蓄水和护坡，南方宽度≥1.0 m，北方宽度≥2.0 m 的地坎
		1204	盐碱地	指表层盐碱聚集，生长天然耐盐植物的土地
		1205	沙地	指表层为沙覆盖、基本无植被的土地。不包括滩涂中的沙地
		1206	裸土地	指表层为土质，基本无植被覆盖的土地
		1207	裸岩石砾地	指表层为岩石或石砾，其覆盖面积≥70%的土地

241

附表3 土壤样品交接表

样品转送人（签字）		物流信息	物流单号：	联系电话：
样品转送人单位		转送日期	20___	年___月___日
样品转送人手机号				□货物外包装良好
样品信息	样品类型	样品数量		□货物外包装异常
	□表层土壤混合样品			□样品状态良好
	□表层土壤容重样品			□样品状态异常
	□表层土壤水稳性大团聚体样品			
	□剖面土壤发生层样品		样品接收时的情况	
	□剖面土壤容重样品			
	□剖面土壤水稳性大团聚体样品			
	□盐碱地剖面样点水样			
	□剖面土壤纸盒标本			
	□剖面土壤整段标本			
样品接收人（签字）		样品接收时间	20___	年___月___日
样品接收人单位		样品交接备注		
样品接收人手机号				

附表 4 土壤剖面形态调查信息采集项目清单及填报说明

土壤剖面形态特征描述项			描述项规则说明
	发生层深度		记录每个发生层的上界和下界深度，如 0～15 cm, 15～32 cm
	发生层名称		记录每个发生层的名称，如耕作层、犁底层、水耕氧化还原层（潴育层）、水耕氧化还原层（潜育层）、渗育层（渗育层）
	发生层符号		记录每个发生层的符号，如 Ap1, Ap2, Br（潴育层）, Br（渗育层）
发生层性状	边界	明显度	突变、清晰、渐变、模糊
		过渡形状	平滑、波状、不规则、间断
	颜色	蒙塞尔颜色	野外润态比色、或者室内干态、润态比色
	根系	丰度	无、很少、少、中、多
		大小	极细、细、中、粗、很粗
		根系性质	活的或已腐烂的木本或草本植物根系
	质地		砂土、砂壤土、壤土、粉壤土、黏壤土、黏土
	结构	形状及大小	片状：很薄、薄、中、厚、很厚
			柱状、棱柱状：很小、小、中、大、很大
			角块状、团块状、核状：很小、小、中、大、很大
			粒状、团粒状、屑粒状：很小、小、中、大、很大
			整体状（或整块状）、细沉积层理、风化矿物结晶、其他（需注明）
		发育程度	很弱（保留大部分母质特性）、弱（保留部分母质特性）、中（保留少量母质特性）、强（没有母质特性）、很强（基本没有母质特性）

（续）

				描述项	描述项规则说明
发生层性状	土壤剖面形态特征描述项	土内砾石		丰度	指野外估测的土壤发生层内所有砾石体积占整个发生层体积的百分比，不超过5%时，可填0、2%、5%；超过5%时，以5%为间隔填报具体数字
				重量	指野外分离的粒径大于5 mm的砾石重量，单位：g
				大小	很小、小、中、大、很大
				形状	棱角状、次棱角状、次圆状、圆状
				风化程度	微风化（包括新鲜）、中等风化、强风化、全风化
		结持性			松散、极疏松、疏松、稍坚实、坚实、很坚实、极坚实
		新生体	斑纹	丰度	无、很少、少、中、多、很多
				大小	很小、小、中、大
				组成物质	铁氧化物、锰氧化物、铁锰氧化物、高岭石、二氧化硅、其他（需注明）
				位置	结构体表面、结构体内、孔隙周围、根系周围
			胶膜	丰度	无、很少、少、中、多、极多
				位置	结构面、垂直结构面、水平结构面、粗碎块、薄片层、孔隙、无一定位置
				组成物质	黏粒、黏粒-铁锰氧化物、腐殖质（有机质）、黏粒-腐殖质、铁锰氧化物、粉砂、其他（需注明）
				与土壤基质对比度	模糊、明显、显著

（续）

土壤剖面形态特征描述项			描述项规则说明
新生体	矿质瘤状结核	丰度	无、很少、少、中、多、很多、极多
		种类	晶体、结核、软质分凝物、假菌丝体、石灰膜、瘤状物、残留岩屑
		大小	很小、小、中、大
		形状	球形、管状、扁平、不规则、角块、粉状
		硬度	用小刀难以破开、用小刀易干破开、硬软兼有、软
		组成物质	碳酸钙（镁）、二氧化硅、铁锰氧化物、石膏、易溶盐类、其他（需注明）
	磐层胶结	胶结程度	无、紧实但非胶结、弱胶结、中胶结、强胶结
		组成物质	碳酸盐、二氧化硅、铁氧化物、铁锰氧化物-有机质、石膏、黏粒、黏粒-铁酸盐-二氧化硅、铁锰氧化物
		成因或起源	自然形成、机械压实、耕犁、其他（需注明）
发生层性状	擦擦面	面积	无、少、中、多、很多
	侵入体	种类	草木炭、贝壳、陶瓷碎片、煤渣、工业粉尘、废弃液、砖、瓦、水泥、钢筋等建筑物碎屑、其他（需注明）
		丰度	无、很少、少、中

（续）

土壤剖面形态特征描述项			描述项规则说明（需注明）
发生层性状	土壤动物	种类	蚯蚓、蚂蚁/白蚁、田鼠、甲虫、其他
		丰度	无、少、中、多
		影响情况	动物孔穴、蚯蚓类
	野外速测特征	石灰反应	无、轻度石灰性、中度石灰性、强石灰性、极强石灰性
		亚铁反应	无、轻度、中度、强度
		碱化反应	无、轻度碱化、中度碱化、强度碱化
		酸碱反应	酸性、中性、碱性
土体性状	耕作层厚度		针对耕地样点，单位：cm
	有效土层厚度		根据实际情况记录，单位：cm
	土体厚度		根据实际情况记录，单位：cm
地下水出现的深度			挖掘剖面时，观察并记录地下水出现的深度，单位：cm。挖掘剖面时，若观察到地下水出现，地下水深度描述为地下水实际出现时的深度，如 60 cm；若未观察到地下水出现，地下水深度描述为大于剖面挖掘的深度，如大于 150 cm
土壤剖面野外述评	土壤剖面形态的发生学解释		针对土壤剖面的形态学特征，分析与成土环境条件、形成过程之间的关系。例如，剖面中出现的铁锈斑纹新生体，说明剖面中具有（或曾经有）水分上下运动的过程，而出现了氧化还原交替。对于某些野外难以理解的特征，应标注现象、特征与疑问，并通过在线平台进行专家远程咨询。初步分析时再做判定

（续）

	描述项	描述项规则说明
土壤剖面形态特征描述项 土壤剖面野外述评	土壤剖面的生产性能评述	生产性能评述包括记录和评价土壤适耕性、土壤生产力水平及土宜情况，提出土壤利用、改良、修复等的建议
土壤类型名称	中国土壤地理发生分类名称	鉴定到土种级别，土纲—亚纲—土类—亚类—土属—土种
	中国土壤系统分类名称	检索到亚类级别，土纲—亚纲—土类—亚类
剖面土壤调查采样照片采集	剖面踏勘点景观照	每个剖面点至少3个踏勘点，每个踏勘点4张。为核实确定土壤类型图斑内主要土壤类型，在图斑内踏勘时，应至少选择三个踏勘点，要求所有踏勘点两点之间的间距原则上不低于500 m，拍摄每个踏勘点东西南北四个方向的景观照片
	剖面点景观照	每个样点4张，拍摄者应在采样点或剖面附近，拍摄东、南、西、北四个方向的景观照片。为保证照片视觉效果，取景框下沿要接近但避开取土坑、农田设施等特征、地表特征。景观照片应着重体现样点地形地貌、植被景观、土地利用类型、地表特征，要融合远景、近景
	标准剖面照	每个样点2张，一种是剖面上方不放置纸盒，另一种是剖面带特点样号的纸盒编号。放置纸盒时剖面或剖面尺只为中心。放置纸盒时，纸盒底部外侧用黑色记号笔清晰标记剖面样点编号
	技术领队现场工作照	每个样点1张，拍摄技术领队现场工作正面照，照片中含采样工具

（续）

	描述项	描述项规则说明
土壤剖面形态特征描述项	剖面坑场景照	每个样点1张，照片应清晰完整展示挖掘完毕的整个剖面坑，修整好的观察面以及挖出的堆放在剖面坑两侧的土
	土壤容重样品采集照	每个样点1张，首先将不锈钢环刀打到位，且还未从土壤中挖出环刀，此时把环刀托取下，拍摄环刀无刃口端的土壤状态
	土壤水稳性大团聚体样品照	每个样点1张，拍摄样品装入容器后的土壤样品状态
剖面土壤调查采样照片采集	纸盒土壤标本照	每个样点1张，野外利用数码相机拍摄纸盒土壤标本采集完成后的照片。拍照时，取下纸盒顶盖，展示出土壤标本，并将顶盖与底盒并排摆放整齐，纸盒顶盖完整样品采集完成后，纸盒顶盖完整盖住纸盒，采样深度等全部信息，将数码相机镜头垂直纸盒土壤标本进行拍摄
	整段土壤标本照	适用于国家整段土壤标本采集的样点，每个样点1张。野外利用数码相机拍摄整段土壤标本的全貌，样点编号等信息。照片内容应包含整段土壤标本采集后，未安装上盖的照片。照片内容应包含整段土壤标本，样点编号等信息
	剖面形态特征写照	适用于有明显的新生体、结构体、侵入体或土壤动物活动的痕迹等的剖面样点，每个样点1张，野外利用数码相机拍摄，且应摆放微型标尺
	剖面点所在景观位置断面图照片	手绘出剖面点所在位置景观断面图，拍照或扫描上传土壤普查平台。断面图应反映剖面点所在位置的景观特征（地形、利用、母质等）、断面方位、水平距离、剖面点位置、剖面编号等信息
	其他照片	外业调查队认为需要拍摄的其他照片